国家自然科学基金面上项目(21878325)资助
国家自然科学基金青年基金项目(21206188)资助
中国矿业大学创新团队(青年团队)项目资助
中国矿业大学中央高校基本科研业务费学科前沿科学研究专项(2019XKQYMS49)资助
江苏省优势学科(化学工程与技术)资助

中低阶煤的温和热溶转化

赵云鹏　曹景沛　魏贤勇　编著

中国矿业大学出版社

·徐州·

内 容 提 要

中低阶煤的分级转化利用是实现其高附加值和清洁利用的有效途径。萃取与温和热溶解聚可以在不破坏或较少破坏煤大分子结构的基础上获取煤中大量可溶有机质,可溶有机质进一步可加工为高性能燃料和高附加值化学品。本书作者多年来一直致力于中低阶煤的温和转化和煤有机质的组成结构研究。本书主要总结了作者近年来在中低阶煤,特别是褐煤常温萃取、温和热溶、有机质组成和结构特征以及煤中杂原子和水赋存形态等方面的研究成果,深入分析了褐煤温和热溶转化获得的可溶有机质的组成和结构特征。

本书可作为从事煤化工、煤化学、有机地球化学和有机化工等学科领域的教学、科研及工程技术人员的参考用书。

图书在版编目(C I P)数据

中低阶煤的温和热溶转化 / 赵云鹏,曹景沛,魏贤勇编著. —徐州：中国矿业大学出版社,2020.7
ISBN 978 - 7 - 5646 - 4766 - 7

Ⅰ. ①中… Ⅱ. ①赵…②曹…③魏… Ⅲ. ①煤—转化—研究 Ⅳ. ①TQ530.2

中国版本图书馆 CIP 数据核字(2020)第 125377 号

书　　名	中低阶煤的温和热溶转化
编　　著	赵云鹏　曹景沛　魏贤勇
责任编辑	褚建萍
出版发行	中国矿业大学出版社有限责任公司
	（江苏省徐州市解放南路　邮编 221008）
营销热线	(0516)83884103　83885105
出版服务	(0516)83995789　83884920
网　　址	http://www.cumtp.com　E-mail：cumtpvip@cumtp.com
印　　刷	江苏淮阴新华印务有限公司
开　　本	787 mm×1092 mm　1/16　印张 11.25　字数 214 千字
版次印次	2020 年 7 月第 1 版　2020 年 7 月第 1 次印刷
定　　价	45.00 元

（图书出现印装质量问题,本社负责调换）

前　言

　　中低阶煤包括褐煤、次烟煤和长焰煤等,其资源量约占全球煤炭资源量的
47％。随着能源需求量日益增大和优质煤炭资源量锐减,中低阶煤开始被大规
模地开采并应用于工业生产。中低阶煤尤其是褐煤存在高挥发分、高水分、高灰
分、低热值和低灰熔点等缺点,这限制了其在传统工业上的应用。近年来,研究
者开发了低阶煤提质和成浆技术以使其适应直接燃烧和煤气化工艺要求,但脱
水后低阶煤更易自燃,在运输和贮存过程中存在安全问题。此外,随着社会对燃
煤导致的雾霾、酸雨和光化学烟雾等环境问题的关注,煤炭作为一次能源的消费
比例逐渐降低。开发中低阶煤高附加值利用新工艺对实现其高效转化和清洁利
用具有十分重要的意义。

　　煤中有机质是由桥键相连并带有侧链的芳环结构单元构成的,而诸多含芳
环(特别是缩合芳环和含杂原子的芳环)的化合物是附加值很高的精细有机化学
品,用途极其广泛。与高阶煤相比,中低阶煤氢碳原子比和氧含量高,"结构单
元"的芳环缩合程度低,并且芳环之间富含氧桥键,可以在较温和的条件下断裂,
从而解聚煤中大分子团簇和难溶有机大分子网络骨架结构,获取可溶有机质。
常温或索氏萃取可以破坏煤中氢键、电荷转移作用力、π-π 相互作用力和范德瓦
耳斯力等非共价键作用力,使镶嵌在大分子网络结构中游离的有机小分子和部
分有机大分子溶出。煤中可溶有机大分子团簇之间的分子间作用部位多,总体
上缔合作用很强,通过常温或索氏萃取很难溶出。温和热溶可以破坏煤中非共
价键缔合作用力和弱氧桥键(如脂肪醚键),有效促进有机质溶出。笔者多年来
一直从事中低阶煤的温和转化和高附加值利用等基础研究工作,本书主要总结
了笔者近年来在中低阶煤,特别是褐煤的常温萃取、温和热溶、有机质组成和结
构特征以及煤中杂原子和水赋存形态等方面的研究成果,深入分析了褐煤温和
热溶转化获得的可溶有机质的组成和结构特征。

　　全书共分为 7 章。第 1 章主要介绍了中低阶煤萃取和热溶以及煤中有机质
组成和结构特征的研究方法。第 2 章介绍了小龙潭褐煤和胜利褐煤的热溶解聚
特征,详细比较了这两种不同地质年代褐煤可溶有机质的组成结构差异性。第
3 章介绍了胜利褐煤的分级萃取和变温热溶解聚特征,揭示了褐煤可溶有机质
的组成结构特征和溶出规律。第 4 章介绍了利用混合溶剂萃取和热溶方法提高
褐煤有机质的溶出效果,探讨了混合溶剂在萃取和热溶过程中的协同效应。第

5 章通过比较白音华褐煤可溶有机质与不同温度热解半焦可溶有机质的组成和结构特征,深入探讨了褐煤中有机质在热解过程中的释放规律。第 6 章介绍了临汾高硫烟煤的热溶解聚特征及有机硫的赋存形态,并尝试利用中压制备色谱对可溶有机质进行精细分离。第 7 章在前面各章节所介绍褐煤中有机氧和有机氮赋存形态的基础上,利用量子化学方法研究了褐煤中水分与有机氧和有机氮的氢键作用机理及赋存形态。

本书的相关研究工作及出版得到了国家自然科学基金面上项目(21878325)、国家自然科学基金青年基金项目(21206188)、中国矿业大学创新团队(青年团队)项目、中国矿业大学中央高校基本科研业务费学科前沿科学研究专项(2019XKQYMS49)和江苏省优势学科(化学工程与技术)的资助。硕士研究生窦有权、丁曼、肖剑、田由甲、闫洁和杜姣姣在资料收集和整理等方面提供了帮助。在此一并表示衷心的感谢!

由于作者水平和时间所限,书中难免存在不足之处,敬请读者批评指正。

作　者

2020 年 4 月

目　录

第1章　绪　　论

1.1　引言

在经历三年的持续下降(2014年至2016年)之后,2018年全球煤炭消费量和产量连续第二年增加。2018年中国能源消费量占全球能源消费量的24%,较过去十年能源需求增长放缓,能源结构持续改进。煤炭在中国一次能源结构中的占比由十年前的72%降至58%,但作为煤炭消耗大国,短期内我国还很难实现使用清洁能源取代煤炭资源,国民经济的快速发展对煤炭仍有很高的依赖性,在今后相当长的一段时间内中国仍是全球最大的煤炭消费国。

中低阶煤包括褐煤和次烟煤等变质程度较低的煤种,约占全球煤炭资源总量的47%[1,2]。我国煤炭资源储量丰富,探明储量为1.42×10^4亿t,其中中低阶煤占比达到58%以上,主要分布在新疆、内蒙古和陕西等地区,其次为山西、宁夏、甘肃、辽宁和黑龙江等地区,吉林、山东和广西也有少量分布[3,4]。由于大部分中低阶煤存在挥发分高、含氧量高、水分高、热值低、灰熔点低、热稳定性差和容易风化自燃以及不适宜长途运输等问题,这限制了其在传统工业中的应用。随着能源需求增加和煤炭价格上涨,如何提高中低阶煤利用效率已成为当前煤炭高效转化和清洁利用的重点研究领域之一。与高阶煤相比,中低阶煤除了含有丰富的褐煤蜡和腐殖酸外,还更大程度地保留了比较完整的成煤植物大分子结构,因此研究中低阶煤有机质的组成和结构对加深植物转化成煤的演化进程认识、推动有机地球化学学科的发展具有重要意义。

从煤中直接获取化学品和低碳燃料是实现中低阶煤高附加值利用的有效途径。中低阶煤中含有大量的氧桥键,特别是脂肪醚键可以在温和的条件下断裂,从而达到解聚煤中大分子团簇和难溶有机大分子网络骨架结构以获取可溶有机小分子的目的。与气化和热解相比,煤直接液化最大限度地避免了煤中有机质结构的破坏,可以通过后续分离和加工得到高附加值化学品和高性能液体燃料。然而,传统的煤直接液化存在操作条件和设备要求苛刻、工艺过程复杂、催化剂回收困难以及溶剂成本高、难以回收等问题。因此,针对中低阶煤的特点,从科学发展观和循环经济的理念出发,势必需要开发工艺过程简单、操作条件温和、煤中有机质充分利用和溶剂易于回收的煤直接液化工艺。

1.2　中低阶煤的萃取与热溶

溶剂萃取是从煤、油页岩和油砂等固体化石燃料中获取高附加值化学品的重要手段,也是探究它们有机质结构的重要方法之一[5]。一方面,萃取物可以有效地反映煤的真实组成和结构特征;另一方面,萃取过程中出现的一些现象也反映了煤分子的特征以及煤与溶剂之间的相互作用。一般地,常温下的溶剂萃取可以破坏煤中氢键、电荷转移作用力、π-π 相互作用力以及范德瓦耳斯力等非共价键作用力,使镶嵌在大分子网络结构中游离的有机小分子和部分有机大分子溶出;而煤中可溶有机大分子团簇之间的分子间作用部位多,总体上缔合作用很强,需要在加热的情况下才能溶出。

1.2.1　中低阶煤的萃取

常温下煤在甲醇、苯、CS_2 和环己烷等传统有机溶剂中的萃取率较低,为了尽可能多地将中低阶煤中的有机质溶出,研究者利用强极性溶剂、分级萃取、索氏萃取、超声辅助萃取、微波辅助萃取和化学处理辅助萃取大幅度提高了萃取率,为通过萃取技术从中低阶煤获取化学品和全面了解中低阶煤大分子结构奠定了基础。

（1）索氏萃取

索氏萃取操作简单、成本较低,几乎对煤中有机质不产生破坏,因此被广泛应用于中低阶煤的萃取。Zhao 等[6]用二氯甲烷作为萃取溶剂考察了 8 种烟煤中多环芳烃的含量和分布。秦志宏等[7]以 CS_2 为溶剂对童亭煤进行了索氏萃取,萃取物多为 2～6 环的芳烃,脂肪烃以正构烷烃为主,从 C_{12} 烷烃到 C_{33} 烷烃呈连续分布,他们认为煤中小分子主要以游离态、微孔嵌入态和网络嵌入态三种形式存在。Iino 等[8]发现等体积的 CS_2-NMP(N-甲基吡啶烷酮)混合溶剂对两种烟煤的萃取率分别高达 80% 和 60%,而 Takanohashi 等[9]却发现等体积的 CS_2-NMP 混合溶剂对褐煤的萃取率并不高。除有机溶剂外,离子液体也被用于煤的萃取,离子液体可以破坏褐煤中的氢键,很好地溶胀褐煤并提高萃取率,但同一离子液体对不同煤种的萃取率差异较大[10,11],并且离子液体价格昂贵,难回收,目前还处于探索阶段。

作为传统的萃取方法,索氏萃取存在萃取分离过粗和不彻底、分离时间过长、所得产物的成分过于复杂等问题,会给后续的分离和分析工作带来一定的困难[12]。

（2）超声辅助萃取

萃取过程中溶剂首先渗透到煤的网络结构中才能与可溶物发生溶胀作用，可溶物也须尽快扩散以便新鲜溶剂继续向网络中渗透，因此溶剂的扩散行为是影响萃取效果的重要因素。超声波在煤-溶剂体系中会产生特殊的空化、湍动、微扰、界面和聚能效应，超声场的产生削弱了煤中分子间键能在 $4.19 \times 10^3 \sim 4.19 \times 10^4$ J/mol 之间的氢键和分子间作用力[13]。

Shui 等[14]发现超声条件下一种烟煤在 CS_2-NMP 混合溶剂中的萃取率高达 74%。Tian 等[15]研究表明，胜利褐煤 CS_2 超声萃取物中共检测到 62 种 GC-MS 可检测化合物，包括多种含硫和含氮化合物。华宗琪等[16]采用 CS_2 对童亭亮煤进行索氏萃取和超声辅助萃取，发现童亭亮煤的索氏萃取物由正构烷烃和芳烃构成，而超声辅助萃取物中还检测到异构烷烃和各类杂原子化合物，并且随着超声辅助萃取时间的增加，所检测到的化合物种类更多，结构也更复杂，超声波的空化效应产生的冲击流能促进溶剂和煤样的传质，使超声波在短时间内能将索氏萃取不能萃取出来的化合物溶出。刘缠民等[17]利用水作为溶剂对神府煤进行超声辅助萃取，发现萃余煤在 CS_2-NMP 混合溶剂中的萃取率明显大于原煤。丙酮既具有良好的溶解能力，又是很好的氢键受体，陈博[18]用丙酮作为溶剂对胜利褐煤进行了常温超声辅助萃取，发现萃取产物中酯类和酮类化合物的相对含量较高，说明丙酮对该类化合物具有较高的选择性，并且这一现象也符合相似相溶原理的结论。Liu 等[19]在室温超声条件下，依次使用石油醚、CS_2、甲醇、丙酮和等体积的 CS_2-丙酮混合溶剂对先锋褐煤进行了分级萃取，并在萃取产物中检测到了大量的生物标志物，并对煤化过程中生物标志物的形成机理进行了探讨。

（3）微波辅助萃取

微波辅助萃取是利用极性分子在微波电磁场中快速旋转和离子在微波场中的快速迁移、相互摩擦而发热，从而加热与固体样品接触的极性溶剂，使所需要的化合物从样品中溶解到溶剂中。鞠彩霞等[20]以丙酮为溶剂，在微波辐射条件下对兖州煤和神府煤进行萃取，结果表明：兖州煤萃取物中芳烃以萘系化合物为主，而神府煤萃取物中芳烃以菲系化合物为主。赵小燕等[21]发现神府煤在微波辐射下 CS_2 萃取物以脂肪烃为主，含杂原子化合物中都含有氧原子。岳晓明等[22]在微波环境下使用 CS_2-丙酮混合溶剂对锡林浩特褐煤进行了萃取，并对产物进行了气质联用分析，共检测到 70 多种有机物，其中 26 种含氮化合物含量占萃取物相对含量的 54.36%，这些含氮化合物包括酰胺、噻唑、吡啶、嘧啶、咔唑、喹啉、吖啶、菲啶和咪唑等种类。

（4）化学处理辅助萃取

化学处理包括溶胀、酸洗、水解、烷基化、乙酰化和氧化等，其作用是消除或破坏煤结构单元之间的非共价键作用力,从而有利于提高煤的萃取率[23]。添加剂可以通过自身极性官能团与煤中化合物形成更加紧密的结合力而破坏煤中化合物之间的交联作用,从而有效提高溶剂的萃取率[24]。Shui[25]研究表明,四氰乙烯和醋酸四丁基铵有助于提高煤在 NMP 中的萃取率。

1.2.2 中低阶煤的热溶

煤的热溶是指在不使用氢气和催化剂条件下,利用有机溶剂在温和条件下溶出煤中的有机质。相对于常温萃取,温度的提高有利于溶剂渗透到煤大分子网络结构中,削弱分子间的作用力,通过不同溶剂中的热溶可以选择性地断开煤中桥键,提高煤的热溶率。煤的热溶具有代表性的工艺有日本的鹰觜利公和三浦孝一分别主持开发的"HyperCoal"(无灰煤)技术[26-30]和变温热溶技术[31-34]。热溶技术具有以下优势:① 温度的升高可以降低溶剂的黏度和表面张力,从而使溶剂更加有效地渗透到煤的主体网络结构中去;② 提升热溶温度可以有效地削弱和破坏煤中溶剂可溶物与煤主体骨架结构之间的非共价键,提高可溶有机质的回收率;③ 通过不同溶剂的作用,可以选择性断开煤中的桥键,获得煤大分子网状结构信息。

自 20 世纪 80 年代,中国科学院山西煤炭化学研究所就开始采用热溶技术实现煤的液化[35]。甲基萘油[36]、1-甲基萘[37]和水[38]等溶剂均有被用于煤热溶或超临界萃取的报道,并取得了一定的成果,但这些溶剂的热溶产物处理都比较烦琐,有的溶剂结构复杂而且不利于对产物的分析。Li 等[39]用 1-甲基萘和四氢萘"两步法"对褐煤和水稻秸秆进行热溶液化研究,获得了发热量较高而且含氧量低的油品。通过热溶得到的可溶有机质的灰分含量通常低于 0.000 2%,可用作超洁净燃料[32]、碳燃料电池[40,41]、气化[42]和高性能碳材料[43]的原材料。然而,上述研究中的溶剂如 1-甲基萘和四氢萘的沸点过高,价格昂贵,既不利于热溶物与溶剂的分离和溶剂的循环使用,也给热溶物的分析和进一步的加工利用带来了困难。

近年来,为了克服高沸点溶剂的缺点,低碳醇、苯、甲苯和乙酸乙酯等低沸点、低黏度的溶剂也被应用到煤的热溶研究中。脂肪醇在热溶过程中不仅能破坏煤中的弱共价键(尤其是氢键),而且具有较强的供氢能力和烷基化作用。Lu 等[44]利用甲醇和乙醇作为溶剂对霍林郭勒褐煤进行连续变温热溶,发现在不同的温度条件和反应溶剂下,产物的组成具有差异性,热溶过程在 270 ℃以下主要以物理萃取作用为主,而在 300 ℃(甲醇)和 330 ℃(乙醇)时开始发生化学反应,并给出了醇羟基攻击褐煤中含氧桥键可能的反应机理。Mondragon 等[45]认为乙醇在煤热溶过程中能够打断煤中的醚桥键并具有烷基化作用。Zhou

等[46]在 240 ℃下使用甲醇和苯的混合溶剂对胜利褐煤进行热溶,得到的热溶产物经过柱层析分离后检测到了一系列的正构烷烃、芳烃、甲基烷酸酯、脂肪酸酰胺和羧酸类化合物。Shishido 等[47]认为乙醇-甲苯混合溶剂对煤良好的热溶效果是由于乙醇或者由乙醇产生的活泼自由基具有加氢作用,促使煤的分子结构发生改变。Yang 等[48]利用乙酸乙酯对胜利褐煤进行热溶,并考察了不同温度、溶煤比和反应时间对热溶收率的影响。最佳的乙酸乙酯热溶条件为温度 300 ℃、溶煤比 20∶1 和反应时间 1 h,根据热溶物的组成和结构特征,推测了胜利褐煤在乙酸乙酯中热溶的反应机理。

1.3　煤中有机质组成与结构研究方法

深入揭示中低阶煤有机质组成和结构特征是其高效和清洁转化的基础和核心。煤中有机质的主要元素有碳、氢、氧、氮和硫。其中,除以碳、氢为主的芳香结构单元外,中低阶煤中含量最多的是氧原子。作为能源利用,只有碳和氢是有效元素,而氧、氮和硫等杂原子是无效或有害元素;然而,作为精细化学品或材料利用的原料,煤中诸多含杂原子有机化合物的附加值远高于烃类化合物。以煤作为洁净能源需要有效除去杂原子,从煤中获取合成精细化学品或材料的原料则需要有效分离包括含杂原子的有机化合物在内的成分。由于人们迄今对中低阶煤中有机质的组成和结构特征尚不清楚,有效除去其杂原子和有效分离含杂原子的有机化合物都是非常困难和富于挑战性的工作。因此,了解中低阶煤有机质的组成和结构特征,特别是有机质中杂原子的赋存形态可为中低阶煤的洁净和高附加值的利用提供理论依据。

一般来说,煤的结构包括煤的物理结构(即分子间的孔隙结构和堆垛结构)和煤的化学结构(即煤的分子结构)。由于煤是由多种化学键和官能团组成的大分子网络结构和大分子网络结构中镶嵌的游离小分子化合物组成的混合体,结构非常复杂,因此对不同煤化程度煤和煤中不同组分的研究方法也是多样的。一种是用非破坏性的手段表征煤的结构,另一种是将煤中的大分子破坏成小分子,通过研究小分子的结构来反推煤的原始大分子结构。总的来说,按照分析过程中煤样经历的状态不同,可将煤有机质组成与结构的分析方法归纳为三类:非破坏性无分离法、破坏性可分离法以及非破坏或轻度破坏性可分离法。

1.3.1　非破坏性无分离法

非破坏性无分离法也就是原煤不经过化学处理,直接采用各种先进的分析仪器对其进行分析的方法,也称物理法。非破坏性无分离法既可以真实地反映煤的结构特征,又比较方便快捷,因而傅立叶变换红外光谱仪(FTIR)、X 射线光电子能谱分析(XPS)、X 射线衍射(XRD)、核磁共振(NMR)、扫描电子显微镜(SEM)和透射电子显微镜(TEM)等多种现代分析仪器和方法被广泛用于煤的组成和结构分析。

朱学栋等[49]利用 FTIR 对我国煤化程度有显著差异的 18 种煤进行分析,发现煤中含氧官能团的含量均随煤化程度的增加而减少。Wang 等[50]利用 FTIR 对 5 种中国煤样进行了分析,发现 5 种煤样中含有相似的官能团类型,但是主要官能团的含量存在差异。Li 等[51]用 FTIR 分析了煤中的氢键,发现惰质组中的氢键热稳定性优于镜质组。曾凡桂等[52]则利用 FTIR 并结合密度泛函理论和统计热力学对煤的超分子结构进行了研究。Kelemen 等[53]利用 XPS 发现煤中碳和氧之间存在 4 种连接方式:碳与羧基相连(C—COOH)、碳通过单键与单个氧原子相连(C—O 和 C—OH)、碳通过两个碳氧键与氧相连(C=O 和 O—C—O)及碳通过三个碳氧键与氧相连(O=C —O)。Domazetis 等[54]用 XPS 分析了褐煤中硫元素的赋存形态,发现褐煤中有机硫以硫醇、有机硫酸根和 N—S 有机物存在。

张代钧等[55]通过 XRD 对煤样进行分析,验证了煤大分子结构中除芳环结构单元外还存在部分脂环结构单元。Murata 等[56]结合化学方法和[13]C NMR 分析对 4 种褐煤中醇羟基、酚羟基、羧基、羰基和醚类等含氧官能团的分布进行了研究。Schmiers 等[57]用[13]C NMR 研究 2 种褐煤的分子结构,并由此提出相应的煤结构模型,认为煤中骨架结构以苯环为主,同时由含氧、硫桥键和亚甲基将这些苯环结构连接起来。Li 等[58]利用拉曼光谱研究了 Victoria 褐煤在热解过程中焦炭结构的演变特征。Oikonomopoulos 等[59]将以上多种分析手段结合分析了 2 种褐煤的结构差异和成熟度差异。

随着技术的不断更新和发展,越来越多的先进仪器相继被应用到煤有机质组成和结构研究中,如高分辨率透射电子显微镜(HRTEM)[60]、电子计算机断层扫描技术(CT)[61]、原子力显微镜[62]和配备实时直接分析电离源的离子阱质谱(DARTIS-ITMS)[63]等。Castro-Marcano 等[64]根据 HRTEM 和大量文献数据构建了 Illinois No. 6 Argonne Premium 煤目前为止最大的煤分子结构模型,并利用这一模型模拟了吡啶可溶物及残渣的收率和产物组成,与实际结果基本吻合。

由于煤本身结构的复杂性,借助现代分析仪器的非破坏性和无分离技术对煤中有机质的组成和结构的分析存在灵敏度差、干扰严重、定量难和信息片面等问题,并且不能从分子水平分析煤中有机质的结构信息。

1.3.2　破坏性可分离法

破坏性可分离法是通过分析煤氧化、热解和烷基化等转化产物来反推原煤的组成结构的方法,由于此种方法是研究煤经化学反应后的产物,也称化学法。Cheng 等[65]利用热重-红外(TG-FTIR)联用技术研究了煤热解过程中 SO_2 气体的释放规律,从而推测了煤中有机硫的形态与热解机理。赵云鹏[66]应用热重-质谱(TG-MS)联用技术分析了中国西部弱还原性煤在热解过程中含硫气体的释放与形成规律以及不同显微组分的热解特性。气相色谱-质谱(GC-MS)联用技术可以对煤中可溶有机物进行定性定量分析,直接获得产物的结构信息,被广泛应用于煤的结构研究中。Yan 等[67]利用 GC-MS 对不同煤阶煤热解过程中释放的多环芳烃和酚类进行定量分析,探究了热解过程中有机物释放量与煤结构的关系。Dong 等[68]通过对原煤、萃取物和萃余物进行热解-气相色谱-质谱(Py-GC-MS)分析,探究了热解过程中多环芳烃的来源。Liu 等[69]在温和条件下利用钌离子作为催化剂催化氧化胜利褐煤,通过对氧化产物进行 GC-MS 分析反推了胜利褐煤中有机硫和氮的分布情况。傅立叶变换离子回旋共振质谱仪(FT-ICR-MS)具有极高的分辨率和精确度($< 1 \times 10^{-6}$),成功地应用于分析石油[70]、煤焦油[71]、生物质油[72]和油砂[73]的组成和结构特征。Wang 等[74]利用 FT-ICR-MS、^{13}C NMR 和 XRD 对晋城无烟煤钌离子氧化液体和固体产物进行了分析,反推了晋城褐煤中含硫和含氮化合物的组成。

由于破坏性可分离法往往导致煤大分子结构的较大或完全破坏,并且存在诸多不可控的化学反应,因而研究结果并不能直接反映煤中有机质本来的组成和结构。

1.3.3　非破坏或轻度破坏性可分离法

非破坏或轻度破坏性可分离法是指在不破坏或者轻度破坏煤中共价键结构的基础上,将煤中游离的或者以分子间作用力(桥键)与煤大分子网络结构相结合的有机质分离出来并利用各种现代分析仪器进行分析,以此来研究煤中有机质原有的存在形态的方法。陈博[18]利用 GC-MS 对准东次烟煤等体积的 CS_2-丙酮混合溶剂萃取物进行了分析,揭示了煤中可溶有机小分子化合物的组成和相对分子质量分布规律。Lu 等[44]通过研究霍林郭勒褐煤甲醇和乙醇热溶物的组成和结构特征推测了霍林郭勒褐煤大分子结构中醚桥键和酯键的类型和断裂机理。Ashida 等[33]应用基质辅助激光解吸飞行时间质谱仪(MALDI-TOF-MS)对煤样萃取产物的相对分子质量分布进行了测定。Li 等[75]通过结合 ^{13}C NMR、XPS、FTIR 和 FT-ICR-MS 对昭通原煤和热溶物的分析,从分子水平上对昭通煤的结构特征进行了深入剖析。

从分子水平上深入了解煤的结构是煤化学需要解决的核心问题,也是解决煤洁净和高效转化技术难题的关键。经过煤化学工作者大量的研究,虽然还没有彻底了解煤的大分子结构特征,但普遍认为,煤的大分子结构是由多个结构相似的"基本结构单元"通过含氧、硫桥键和亚甲基等桥键连接而成的。这种基本结构单元类似于聚合物的聚合单体,它可以分为规则部分和不规则部分。规则部分是由几个或十几个苯环、脂环、氢化芳香环及杂环(含 O、S 和 N 等元素)缩聚而成的,称为基本结构单元的核或芳香核;不规则部分则是连接在芳香核周围的烷基侧链和各种官能团。随煤变质程度的增加,芳环结构单元尺寸增加,缩合度增大,桥键数目随之减少。

我国是一个"富煤、贫油、少气"的国家,煤炭在我国能源结构中长期占有主导地位,对我国国民经济的发展起着非常重要的支撑作用。但从总体上看,我国的煤炭加工环节目前还比较薄弱,煤炭利用的主体技术仍很传统、落后,环保设施不配套、不健全。尤其是中低阶煤特别是褐煤利用效率较低,资源浪费严重,而且排放大量污染物,加剧了生态环境的恶化。因此,为保障能源安全和可持续发展,有必要开发出中低阶煤的高效转化和清洁利用的有效途径。通过萃取和热溶等非破坏或轻度破坏手段将中低阶煤有机质中的大分子定向解聚为小分子,并有效地脱除煤中的水分和无机矿物质,从而从分子水平上对中低阶煤中可溶有机小分子化合物以及有机大分子骨架结构进行解析探索,为中低阶煤的高效洁净利用提供关键的理论基础。

第 2 章　小龙潭褐煤和胜利褐煤的热溶解聚

褐煤由于水和氧含量高、热值低，被视为劣质燃料，目前主要用来发电[76,77]。然而，随着石油资源和优质煤炭资源的减少，褐煤因其储量大、反应性和挥发分含量高、开采成本低，将大规模应用到其他工业生产中[78,79]。Adesanwo 等[80]评估了利用 Bienfait 褐煤萃取物炼制运输燃料的可行性，发现石脑油馏分可以通过温和加氢处理加工为汽油添加成分，而煤油馏分可以加工为航空燃料添加成分。酚类化合物是合成人造纤维、工程塑料、杀虫剂、药物、塑化剂和染料中间体的重要原料，褐煤萃取和热解液体产品中含有大量的酚类化合物，这些酚类化合物可以通过与碱发生中和反应、溶剂萃取和离子交换树脂吸收等方法分离出[81]。

深入了解褐煤中有机质的组成和结构特征是揭示其成因和开发褐煤高效利用技术的基础[82,83]。根据 Given 等[84]提出的煤的两相结构模型，煤中的有机质分为两部分：镶嵌在煤的大分子网络结构中的可萃取的游离化合物和大分子网络结构本身。作为惰性溶剂，苯在热溶过程中很难进攻煤中的含氧桥键或与可溶物发生反应，因此煤在苯中的热溶物可认为是煤中游离的有机质，然而，作为亲核试剂，乙醇能够进攻煤中的氧桥键，导致更多有机质溶出[85,86]。内蒙古胜利褐煤(SL)和云南小龙潭褐煤(XLT)是我国分别形成于侏罗纪和新生代古近纪、新近纪的两种典型褐煤，目前有关形成于不同地质年代的褐煤的热溶及有机质结构差异的研究还鲜有报道。

本章考察了胜利褐煤和小龙潭褐煤在苯和乙醇中的热溶解聚行为，并结合多种现代分析仪器对萃取物和热溶物及残渣进行分析。在认识褐煤有机质的溶出规律及其组成和结构特征的基础上对不同条件下褐煤的热溶机理进行了探索，并比较了两种不同地质年代的褐煤有机质的组成与结构特征差异。

2.1　煤样的制备与分析

本研究采用内蒙古胜利褐煤和云南小龙潭褐煤作为实验煤样。将煤样破碎后，经 200 网目筛子筛分，筛分后的煤样在 80 ℃下真空干燥 24 h，然后冷却至室温，取出干燥过的煤样迅速置于广口瓶中，并储存于真空干燥器内备用。两种褐煤的工业分析和元素分析如表 2-1 所示。

表 2-1　两种褐煤的工业分析和元素分析　　　　单位:%

煤样	工业分析			元素分析				
	M_{ad}	A_d	V_{daf}	C_{daf}	H_{daf}	N_{daf}	S_{daf}	O_{diff}
SL	12.52	16.69	43.44	74.29	4.27	1.08	1.13	19.23
XLT	14.60	9.34	46.90	67.84	4.09	1.96	1.56	24.55

注:M_{ad}表示空气干燥基水分;A_d表示干燥基灰分;V_{daf}表示干燥无灰基挥发分;diff 表示差减。

2.2　实验方法

取煤样 2 g 和溶剂 40 mL 加入 100 mL 的高压反应釜中,将反应釜密闭后,连接氮气钢瓶输气管阀门与釜体一侧的进气阀门,使釜内氮气的压力达到 10 MPa,关闭釜体进气阀门,保持 10 min,确认不漏气后,打开出气阀门将气体释放,然后反复冲放三次,将釜内空气置换为氮气,最终使釜内氮气压力保留约 1 MPa。连接好搅拌、加热和中轴冷却水装置后,开启控制面板,使釜内温度升温至热溶温度(220~320 ℃),并保持 1 h。反应结束后将高压反应釜迅速用水冷却至常温,开启反应釜,转移反应混合物到抽滤装置中,用反应溶剂多次洗涤并分离反应混合物为滤液和滤饼,滤液用旋转蒸发仪蒸除大部分溶剂后,自然晾干得到热溶物(Soluble Portions,SPs),滤饼真空干燥 24 h 后得到热不溶物(Insoluble Portions,ISPs)。实验流程如图 2-1 所示。

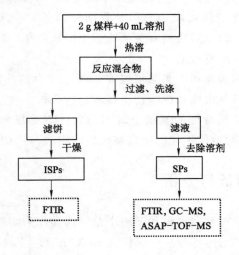

图 2-1　SL 和 XLT 的热溶解聚实验流程

2.3　热溶物产率

Zou 等[87]研究表明,较高温度时热溶物中低相对分子质量的组分可能发生缩聚、环化、聚合或交联反应形成高相对分子质量的化合物从而结焦。该研究也发现热溶温度超过 320 ℃时,热溶物产率迅速下降,并且在高压釜搅拌桨的表面有结焦现象。因此,热溶实验在 320 ℃以下进行。为方便叙述,SL 和 XLT 在苯中的热溶物分别命名为 $SP_{SL,B}$ 和 $SP_{XLT,B}$,SL 和 XLT 在乙醇中的热溶物分别命名为 $SP_{SL,E}$ 和 $SP_{XLT,E}$;SL 和 XLT 在苯中的热溶残渣分别命名为 $ISP_{SL,B}$ 和 $ISP_{XLT,B}$,SL 和 XLT 在乙醇中的热溶残渣分别命名为 $ISP_{SL,E}$ 和 $ISP_{XLT,E}$。

图 2-2 表明,两种褐煤在苯和乙醇中的热溶物产率均随热溶温度升高而增大,但在苯中的热溶物产率明显低于乙醇中,这归因于乙醇对煤中有机质有较强的溶解性和褐煤中较多的含氧桥键在乙醇中热溶断裂。SL 和 XLT 在苯中的热溶物产率接近,这说明两种褐煤中游离的有机质含量接近。XLT 在乙醇中的热溶物产率在高温阶段明显高于 SL,这可能是由于 XLT 氧含量高,在热溶过程中有较多含氧桥键断裂导致较多的有机质溶出。

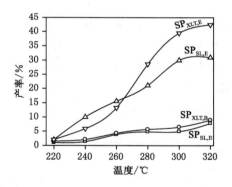

图 2-2　SL 和 XLT 热溶物产率

2.4　原煤、热溶物和热溶残渣的 FTIR 分析

利用 Nicolet IR-560 型傅立叶变换红外光谱仪(FTIR)分析原煤、热溶残渣和热溶物的官能团特征。采用 KBr 压片法,样品与 KBr 按 1∶160 比例混合研磨压片,红外波数扫描范围为 400～4 000 cm^{-1},分辨率为 2 cm^{-1}。后面各章节 FTIR 分析均采用此方法。图 2-3 为两种褐煤热溶物的 FTIR 谱图。可以看出,

XLT 热溶物在 2 919 cm⁻¹、2 850 cm⁻¹、1 438 cm⁻¹和 1 376 cm⁻¹处的吸收峰强度高于 SL 热溶物,这说明 XLT 可溶有机质中含有较多的脂肪族化合物[88]。两种褐煤乙醇热溶物 FTIR 谱图中归属于酚羟基(3 100~3 500 cm⁻¹),C=O(1 700 cm⁻¹)和 C—O—C(1 300~1 000 cm⁻¹)等含氧官能团的吸收峰强度明显高于苯热溶物,这说明褐煤中有较多的含氧桥键在乙醇中热溶断裂。

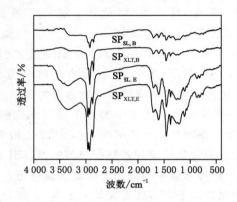

图 2-3 热溶物的 FTIR 谱图

由图 2-4 可以看出,与热溶过程中大量烃类和含氧化合物溶出相一致,ISP$_{SL,B}$和 ISP$_{XLT,B}$归属于脂肪族化合物、酚羟基、C=O 和 C—O—C 等官能团的吸收峰明显低于原煤;而 ISP$_{SL,E}$和 ISP$_{XLT,E}$归属于脂肪族化合物的吸收峰强度却明显高于原煤。这可能是由于褐煤在乙醇热溶过程中 CH_3CH_2—和 CH_3CH_2O—基团连接到热溶残渣的大分子网络骨架上。

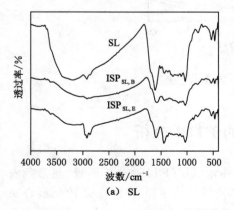

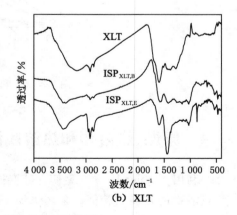

图 2-4 原煤及其热溶残渣的 FTIR 谱图

2.5　热溶物的 GC-MS 分析

利用安捷伦 7890/5975 型气相色谱-质谱(GC-MS)联用技术分析萃取物和热溶物中化合物的组成和结构特征。GC-MS 检测条件为:载气为高纯He(99.999%),恒定流速为 1.0 mL/min,回流比为 20∶1,色谱柱为 HP-5MS 型毛细管柱(60.0 m×0.25 mm×0.25 μm);离子源为电子轰击电离(EI)源,离子化电压为 70 eV,离子源温度为 230 ℃,四级杆温度为 150 ℃,离子质量扫描范围为 33~550 amu。柱温升温程序为:初始温度 60 ℃,升温速率 5 ℃/min,升至300 ℃,保留 10~15 min。化合物的鉴定按 PBM(Probability-Based Matching)法将测得的质谱图与 NIST11a 谱图库进行检索比照,根据质谱峰和匹配度确定化合物的分子结构。被测组分的相对含量由面积归一法计算得出。后面各章节GC-MS 分析均采用此方法。图 2-5 为两种煤 320 ℃热溶物 GC-MS 的总离子流色谱图。热溶物 GC-MS 可检测化合物分为链烷烃、环烷烃、烯烃、芳烃、酚类、醇类、醚类、呋喃类、酮类、醛类、酯类、羧酸类、有机硫化合物和有机氮化合物。表 2-2 为各类化合物的相对含量。

表 2-2　各类化合物的相对含量

化合物	相对含量/%			
	$SP_{SL,B}$	$SP_{XLT,B}$	$SP_{SL,E}$	$SP_{XLT,E}$
链烷烃	4.77	42.5	0.67	10.99
环烷烃	4.09	1.31	0.28	
烯烃	1.17	8.56	0.77	0.54
芳烃	45.17	15.45	2.57	3.57
酚类	8.28	23.37	52.18	34.18
醇类	4.00	2.26	2.82	4.67
醚类	0.89	0.25	12.04	3.31
呋喃类	0.88	1.12	0.43	
酮类	29.22	1.46	8.10	5.79
醛类		0.15	1.09	1.98
酯类	0.43	3.4	15.36	25.56
羧酸类	0.20		1.37	
有机硫化合物	0.13		0.29	
有机氮化合物	0.77	0.18	2.02	9.41

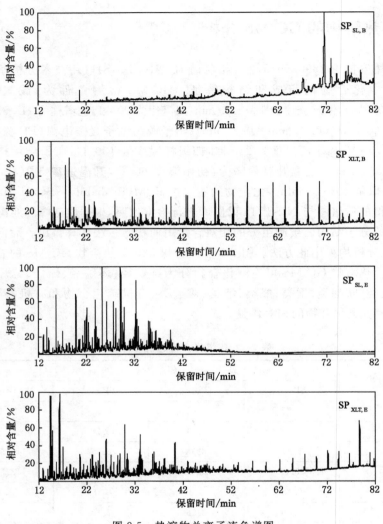

图 2-5 热溶物总离子流色谱图

与 FTIR 分析相一致,$SP_{XLT,B}$ 和 $SP_{XLT,E}$ 可检测化合物中脂肪族化合物(链烷烃、环烷烃和烯烃)的总相对含量分别高于 $SP_{SL,B}$ 和 $SP_{SL,E}$。从表 2-3 可以看出,热溶物中检测到一系列 C_{10}—C_{30} 的正构烷烃和 3 种支链烷烃,包括 4,8-二甲基十一烷、5-异丁基壬烷和 9-丁基二十二烷。$SP_{SL,B}$ 和 $SP_{SL,E}$ 中链烷烃的总相对含量和数目均分别少于 $SP_{XLT,B}$ 和 $SP_{XLT,E}$。热溶物中仅检测到 5 种环烷烃,包括 1-丁基-2-丙基环戊烷、环二十四烷、环二十八烷、1-乙基-3-丙基金刚烷和 9-十二烷基十四氢蒽;热溶物中共检测到 18 种烯烃,并且大部分在 $SP_{XLT,B}$ 中,这说明

XLT 中的脂肪 C=C 含量高于 SL（表 2-4）。与脂肪烃含量相反，$SP_{SL,B}$ 中芳烃的总相对含量明显高于 $SP_{XLT,B}$。此外，从表 2-5 可以看出，$SP_{XLT,B}$ 中芳烃以苯和萘的同系物为主，而 $SP_{SL,B}$ 中芳烃主要为稠环芳烃和多环联苯，尤其是 4-苯基-1,1′,2′,1″-三联苯的相对含量达到 33.27%。$SP_{XLT,B}$ 中高的甲基萘类化合物含量说明 XLT 形成于龙脑香科植物丰富的海相沉积环境[89]。研究表明，小龙潭煤田成煤植物群落大部分为豆科、山毛榉科和樟科等亚热带植物群落[90]。

表 2-3　热溶物中检测到的链烷烃

化合物	相对含量/%			
	$SP_{SL,B}$	$SP_{XLT,B}$	$SP_{SL,E}$	$SP_{XLT,E}$
癸烷		1.46		
正十一烷		1.10		
4,8-二甲基十一烷		0.67		
正十二烷		1.44		
正十三烷		1.47		
5-异丁基壬烷		0.33		
正十四烷		1.65	0.30	0.44
正十五烷		2.41		
正十六烷		1.38		0.16
正十七烷	0.74	2.24	0.16	0.44
正十八烷	0.56	2.20	0.18	0.63
正十九烷	0.66	2.37		0.50
正二十烷	0.41	2.45		0.60
正二十一烷	0.34	2.87		0.81
正二十二烷	0.31	2.30		0.73
正二十三烷		2.90		0.96
正二十四烷	0.33	2.67		1.02
正二十五烷	0.42	3.05		1.20
9-丁基二十二烷	0.34			
正二十六烷		2.08		0.79
正二十七烷		2.80		1.22
正二十八烷		1.13		1.49
正二十九烷	0.66	1.25		
正三十烷		0.28		

表 2-4　热溶物中检测到的环烷烃和烯烃

化合物	相对含量/%			
	$SP_{SL,B}$	$SP_{XLT,B}$	$SP_{SL,E}$	$SP_{XLT,E}$
环烷烃				
1-丁基-2-丙基环戊烷	0.40			
环二十四烷		1.03		
环二十八烷		0.28		
9-十二烷基十四氢蒽	3.69			
1-乙基-3-丙基金刚烷			0.28	
烯烃				
1-癸烯		0.19		
1-十一烯		0.19		
5-十一烯		0.25		
1-十二烯		0.66		
1-十三烯		0.46		
1-十四烯	0.66	0.93		0.54
5,5-二甲基-1,2-二丙基-1,3-环戊二烯			0.63	
1-十五烯		0.49		
1-十六烯		0.61		
1-十七烯		0.25		
5-十八烯		0.18		
1-十九烯	0.33	0.98		
1-二十烯		0.92		
10-二十一烯	0.18	0.55		
12-二十五烯		0.59		
1-二十二烯		0.71		
9-二十三烯		0.63		
9-烯丙基蒽			0.14	

表 2-5　热溶物中检测到的芳烃

化合物	相对含量/%			
	$SP_{SL,B}$	$SP_{XLT,B}$	$SP_{SL,E}$	$SP_{XLT,E}$
正丙基苯		0.24		
异丙基苯		0.20		
乙基甲苯		0.60		
(E)-2-丁烯基苯		0.16		
联苯	0.36	2.18		0.36
1,3-二甲基-1H-茚		0.31		
1,2,3-三甲基-1H-茚		0.20		
正丁基苯		0.16		
3,3′-二甲基联苯	0.12			0.12
1,2,3-三甲基苯		0.15		
1,2,4,5-四甲基苯	0.23	0.21	0.64	0.23
萘		0.43		
甲基萘		0.93	0.24	
正己基苯		0.29		
二甲基萘	0.14	2.02		0.14
正庚基苯		0.23		
二苯基甲烷		0.29		
1-甲基-2-异丙基苯		1.06		
三甲基萘	1.14	2.42		1.27
2,3,5-三甲基菲	0.13			0.13
1,1,4,5,6-五甲基-2,3-二氢-1H-茚	0.26		0.12	0.26
正辛基苯		0.41		
1-乙基-3,5-异丙基苯			0.22	
四甲基萘	0.23	0.55		0.23
正癸基苯		0.24		
正十二烷基苯		0.23		
2-甲基-9H-芴	0.23			0.23
胆甾-2-烯桥[3,2-a]萘	4.03			
4-异丙基-1,6-二甲基萘	0.75	1.94	0.20	0.60
1-甲基-7-异丙基菲	0.25			

表 2-5(续)

化合物	相对含量/%			
	$SP_{SL,B}$	$SP_{XLT,B}$	$SP_{SL,E}$	$SP_{XLT,E}$
1,7-二甲基菲	0.20			
9,10-二氢-1-甲基菲			1.15	
9,10-二甲基-1,2,3,4,5,6,7,8-八氢蒽	0.43			
六苯并苯	1.87			
二苯并[a,h]芘	1.57			
4-苯基-1,1′,2′,1″-三联苯	33.27			

表 2-6 为热溶物中检测到的酚类和醇类化合物。与 FTIR 谱图中低的酚羟基吸收峰强度一致,褐煤苯热溶物 $SP_{SL,B}$ 和 $SP_{XTL,B}$ 中酚类化合物的总相对含量分别低于相对应乙醇热溶物 $SP_{SL,E}$ 和 $SP_{XTL,E}$。$SP_{SL,B}$ 中酚类化合物含量低于 $SP_{XTL,B}$,而 $SP_{SL,E}$ 中酚类化合物含量高于 $SP_{XTL,E}$。研究表明,煤焦油中酚类化合物主要来自芳基醚键的断裂,而不是煤中自由酚类化合物的逸出[91-93]。由于热溶温度低和苯的化学惰性,苯热溶物中的酚类化合物主要来自褐煤中自由酚类化合物的溶出,而由于乙醇强的亲核性,其可以进攻煤中含氧桥键,故乙醇热溶物中酚类化合物主要归因于褐煤芳基醚键的断裂。上述结果表明,SL 中自由酚类化合物含量低于 XLT,而 SL 中的氧更多地以芳基醚键的形式存在。热溶物中检测到 6 种醇类化合物,说明褐煤中除存在酚羟基外,还存在少量的醇羟基。

表 2-6 热溶物中检测到的酚类和醇类化合物

化合物	相对含量/%			
	$SP_{SL,B}$	$SP_{XLT,B}$	$SP_{SL,E}$	$SP_{XLT,E}$
酚类				
苯酚		6.22	1.31	0.82
甲酚		13.10	2.65	0.87
乙基苯酚	0.41	0.53	4.93	2.96
甲氧基苯酚			0.66	1.03
乙氧基苯酚			1.16	1.30
百里酚				1.02

表 2-6(续)

化合物	相对含量/%			
	SP$_{SL,B}$	SP$_{XLT,B}$	SP$_{SL,E}$	SP$_{XLT,E}$
邻苯二酚	0.50			
二甲基苯酚	0.16	3.15	9.17	0.44
三甲基苯酚	0.41	0.38	1.7	
二乙基苯酚	0.36			2.86
3,5-二叔丁基苯酚				0.60
2-异丙基苯酚	0.10		1.55	
丙泊酚			5.54	4.01
2,4-二异丙基-5-甲基酚			0.32	
乙基甲酚	1.23		6.90	3.11
2-丁基苯酚			0.62	
2-仲丁基苯酚	0.10			
3-苯乙烯基苯酚	0.34			
萘酚	0.38			
甲基萘酚	0.33			0.82
2-苄基苯酚	0.31			0.70
2-乙基-4,5-二甲基苯酚	0.37		0.53	2.50
4,5-二甲基-1,3-苯二酚				1.27
4-乙基-2-甲氧基苯酚	0.20			0.59
2-甲氧基-4-丙基苯酚	0.17		0.29	0.36
4-甲基-2-丙基苯酚			2.90	
2-乙基-5-丙基苯酚	0.48		1.35	
2-乙氧基-4-甲基苯酚			0.33	
异丙基甲酚	0.75		3.18	3.24
叔丁基甲酚			2.34	3.50
2-叔丁基-4,6-二甲基苯酚			1.94	1.79
5-丁基-2-乙基苯酚			0.55	
二叔丁基苯酚			0.44	0.39
2,3-二甲基-1,4-苯二酚			0.97	
2,3,5-三甲基-1,4-苯二酚			0.40	
6,7-二甲基-1-萘酚	0.92			

表 2-6（续）

化合物	相对含量/%			
	$SP_{SL,B}$	$SP_{XLT,B}$	$SP_{SL,E}$	$SP_{XLT,E}$
2-甲基-6-(2-甲基庚烷基)-1-苯酚			0.45	
2,3-二氢-1H-茚-5-苯酚	0.21			
6-甲基-2,3-二氢-1H-茚-4-苯酚	0.51			
醇类				
(4-叔丁基苯基)甲醇			2.82	4.67
3,7,11-三甲基十二烷-1-醇		1.21		
二十七烷-1-醇		0.39		
9H-芴基-9-醇	0.28			
二十四烷-1-醇		0.66		
蒲公英甾醇	3.72			

表 2-7 为热溶物中检测到的醚类和呋喃类化合物。热溶物中共检测到 11 种醚类化合物，并且都为芳基醚类化合物。$SP_{SL,E}$ 中醚类化合物的总相对含量明显高于 $SP_{XTL,E}$，这进一步说明 SL 中有较多的氧以芳基醚键的形式存在。热溶物中检测到 6 种呋喃类化合物，其中 SL 热溶物检测到 2,4-二甲基呋喃、4-甲基二苯并[b,d]呋喃、2,2,5,6-四甲基-2,3-二氢苯并呋喃、(2S,8aR)-3,5,6,8a-四氢-2,5,5,8a-四甲基-2H-苯并呋喃，XLT 热溶物中检测到 2-甲基苯并呋喃和 4,7-二甲基苯并呋喃，这说明两种褐煤中少量氧以呋喃环形式存在。

表 2-7　热溶物中检测到的醚类和呋喃类化合物

化合物	相对含量/%			
	$SP_{SL,B}$	$SP_{XLT,B}$	$SP_{SL,E}$	$SP_{XLT,E}$
醚类				
1-叔丁基-4-甲氧基苯			4.22	0.54
1-仲丁基-4-甲氧基苯			0.43	0.45
1-异丙基-2-甲氧基苯			0.86	
异丙基甲氧基甲苯			2.39	1.54
1,3-二异丙基-2-甲氧基苯			0.41	0.43
叔丁基甲氧基甲苯			2.60	0.35
1-甲氧基-4-甲基苯		0.25		

表 2-7(续)

化合物	相对含量/%			
	SP$_{SL,B}$	SP$_{XLT,B}$	SP$_{SL,E}$	SP$_{XLT,E}$
1-乙氧基-4-乙基苯	0.35		0.42	
1-乙基-4-甲氧基苯	0.19			
2-乙基-1-甲氧基-4-甲基苯			0.37	
1-乙氧基-4-异丙基苯	0.35		0.34	
呋喃类				
2-甲基苯并呋喃		0.64		
4,7-二甲基苯并呋喃		0.48		
2,4-二甲基呋喃			0.11	
4-甲基二苯并[b,d]呋喃	0.60			
2,2,5,6-四甲基-2,3-二氢苯并呋喃	0.28			
(2S,8aR)-3,5,6,8a-四氢-2,5,5,8a-四甲基-2H-苯并呋喃			0.32	

Teerman 等[94]在褐煤干馏产物中检测到大量的正构烷基-2-酮,他们推测这些脂肪酮归属于脂肪酸微生物作用过程中的 β 氧化。Tuo 等[95]在定西煤矿 7 种煤和泥炭的萃取物中发现一系列 C_{15}—C_{30} 的烷基酮,这些烷基酮与萃取物中的正构烷烃具有相似的分布。他们认为正构烷基-2-酮为沉积物中正构烷烃微生物 β 氧化的中间产物,而正构烷基-3-酮和正构烷基-4-酮为沉积物中正构烷烃微生物 γ 和 δ 氧化的中间产物。如表 2-8 所示,SL 和 XTL 热溶物中检测到 3 种脂肪酮(壬烷-4-酮、二十七烷-2-酮、十九烷-2-酮)和 1 种类异戊二烯酮(6,10,14-三甲基-十五烷-2-酮)。除了烷基酮,热溶物中其他酮类化合物包括环烷酮、环烯酮、芳基烷基酮、吡喃酮、萜酮和萜烯酮。SP$_{SL,B}$ 中酮类化合物的总相对含量达到 29.22%,而 SP$_{XTL,B}$ 中酮类化合物的总相对含量仅有 1.46%,这说明 SL 中游离的酮类化合物含量较高。此外,SL 中游离的酮类以萜酮和萜烯酮为主,尤其是木栓烷-3-酮和木栓烷-8-烯-3-酮的相对含量高于 5%。这些三萜类化合物是典型的生物标志物,说明在 SL 成煤过程中有落叶林植物输入到泥炭沼泽中[96]。热溶物中仅检测到(2E,4E,6E)-辛烷-2,4,6-三烯醛、(E)-十七烷-15-烯醛、5-乙基呋喃-2-甲醛和 3-(3-叔丁基苯基)-2-甲基丙醛等四种醛类化合物,这说明褐煤中氧仅有很小一部分以甲酰基存在。

表 2-8 热溶物中检测到的酮类和醛类化合物

化合物	相对含量/%			
	$SP_{SL,B}$	$SP_{XLT,B}$	$SP_{SL,E}$	$SP_{XLT,E}$
酮类				
2-乙基环庚酮				0.14
1-(2-羟基-4,5-二甲苯基)乙酮			1.86	1.27
2,3-二甲基环戊-2-烯酮		0.59		
四氢-4-甲基吡喃-2-酮			0.62	
2,2,5,5-四甲基环戊-3-烯酮			0.38	
1-(4-烯丙基苯基)乙酮		0.24		
1-(2,4-二甲氧基苯基)乙酮			0.60	
1-(4-甲氧基苯基)丙-2-酮			0.14	
1-(2,4-二甲氧基苯基)丙-2-酮			0.19	
壬烷-4-酮			0.31	0.64
3-甲基-3-乙烯基环己酮			0.23	
苯并二氢呋喃酮			0.29	
2,3-二氢-3,4,7-三甲基茚-1-酮			0.28	
2,3-二氢-2,3,4,5-四甲基茚-1-酮			0.27	
1-(4,6-二羟基-2,3-二甲基苯基)乙酮				1.27
1-(4-(甲氧基甲基)-2,6-二甲基苯基)乙酮			0.83	0.67
二十七烷-2-酮		0.16		
6,10,14-三甲基-十五烷-2-酮	0.20			
十九烷-2-酮	0.14			
1-(5-羟基-2,3,4-三甲基苯基)乙酮		0.47		
4,4,6-三甲基二氢苯并噻喃-2-酮			0.44	
5,6-二甲基-1,3-二氢-苯并咪唑-2-酮	0.15			
1-(2-甲氧基苯基)-1H-吡咯-2,5-二酮				0.67

表 2-8(续)

化合物	相对含量/%			
	$SP_{SL,B}$	$SP_{XLT,B}$	$SP_{SL,E}$	$SP_{XLT,E}$
1-(2,6-二甲基-4-丙氧基苯基)乙酮			0.58	0.44
2-甲氧基-6-萘乙酮				0.44
3,5-二甲基苯并[b]-2-噻吩乙酮			0.19	0.25
(2E)-1-(2,6,6-三甲基环己烯-1-烯基)丁-2-烯-1-酮			0.12	
5-乙基-3,4-二甲基-1H-吡喃[2,3-c]吡唑-6-酮			0.77	
木栓烷-3-酮	10.37			
木栓烷-8-烯-3-酮	5.39			
3,5,5-三甲基-环己烯-2-酮	1.09			
羽扇烯酮	1.06			
β-香树脂酮	1.19			
28-去甲基-β-香树脂酮	2.27			
9a-苄基-4b,9a-二氢-茚并[1,2-a]茚-9,10-二酮	7.36			
醛类				
(2E,4E,6E)-辛烷-2,4,6-三烯醛				0.50
(E)-十七烷-15-烯醛		0.15		
5-乙基呋喃-2-甲醛			0.72	1.48
3-(3-叔丁基苯基)-2-甲基丙醛			0.37	

　　从表 2-9 可知,$SP_{SL,B}$ 仅检测到 1 种酯类化合物,$SP_{XTL,B}$ 仅检测到 2 种酯类化合物,这说明褐煤中游离的酯类化合物较少。然而,乙醇热溶物中检测到大量的酯类化合物,并且大部分为脂肪酸乙酯。Lu 等[44]推测了褐煤在醇溶剂热溶过程中酯类化合物的形成机理。$SP_{SL,E}$ 中酯类化合物的总相对含量低于 $SP_{XLT,E}$,这说明 XLT 中较多的氧以酯基形式存在。众所周知,褐煤富含羧基,然而仅在 SL 热溶物中检测到 3 种羧酸,并且均为芳香羧酸,这可能是由于热溶过程中溶出的羧酸易与乙醇形成烷酸乙酯或芳香酸乙酯。与 $SP_{SL,E}$ 和 $SP_{XLT,E}$ 中

高的烷酸乙酯相一致，Chen 等[86]发现褐煤甲醇热溶物中的酯以脂肪酸甲酯为主。

表 2-9　热溶物中检测到的酯类和羧酸化合物

化合物	相对含量/%			
	$SP_{SL,B}$	$SP_{XLT,B}$	$SP_{SL,E}$	$SP_{XLT,E}$
酯类				
3-羟基-苯甲酸甲酯	0.43			
乙酸乙酯			1.03	6.14
2-乙基乙酸乙酯			0.30	0.51
庚酸乙酯			0.42	0.66
辛酸乙酯			0.19	1.39
壬酸乙酯			0.28	0.17
癸酸乙酯			0.69	0.79
3-戊烯酸乙酯			3.38	8.51
十一酸乙酯			2.05	
苯甲酸甲酯			0.38	
甲基苯甲酸甲酯			0.89	
琥珀酸二乙酯			1.64	
2-甲基琥珀酸二乙酯			0.31	
2-甲氧基富马酸二甲酯			1.28	
4-羟基-3-甲基苯甲酸甲酯			0.53	
4-甲基辛酸乙酯			0.22	
2-辛烯酸乙酯			1.21	0.12
2,3-二氢-1,1-甲基-1H-茚-4-羧酸乙酯			0.37	
木焦油酸乙酯				0.41
蜡酸甲酯		0.76		0.28
2,4,6-三甲基二十四酸甲酯				4.30
环己基-4-甲基戊基邻苯二甲酸酯				0.43
二十八羧酸甲酯				0.73
硬脂酸甲酯				0.43
硬脂酸乙酯				0.23

表 2-9(续)

化合物	相对含量/%			
	SP$_{SL,B}$	SP$_{XLT,B}$	SP$_{SL,E}$	SP$_{XLT,E}$
棕榈酸乙酯				0.46
异丁基辛基邻苯二甲酸酯		2.64		
十二烷基乙基邻苯二甲酸酯			0.19	
羧酸				
(4-异丙基-苯基)乙酸	0.20			
(E)-3-(3-乙氧苯基)丙烯酸			1.21	
(p-丁酰基苯氧基)乙酸			0.16	

煤中有机硫和有机氮化合物是煤作为燃料利用排放的污染物的前驱体,因此,分离和鉴定煤中有机硫和有机氮化合物有利于从分子水平上揭示煤中有机硫和有机氮赋存形态,从而发展有效的脱硫和脱氮工艺[97,98]。如表 2-10 所示,SL 热溶物中仅检测到 2,5,7-三甲基-苯并[b]噻吩和 2,3-二乙基-苯并[b]噻吩 2种有机硫化合物,这说明 SL 中的有机硫可能以噻吩硫为主。煤中的有机硫主要是通过早期成岩阶段无机硫侵入官能化的油脂中形成的[99,100]。热溶物中共检测到 11 种有机氮化合物,主要为吡啶和胺类化合物。除了 2-甲基-1-丙基-5-乙烯基-1H-吡咯,其他的有机氮化合物均含有苯环。有机氮化合物主要在乙醇热溶物中溶出,可能是由于乙醇和褐煤中有机氮化合物之间可以形成氢键,从而有利于其溶出[101]。与 XLT 高的氮含量相一致,SP$_{XLT,E}$ 中有机氮化合物的总相对含量明显高于 SP$_{SL,E}$ 中。

表 2-10　热溶物中检测到的有机硫和有机氮化合物

化合物	相对含量/%			
	SP$_{SL,B}$	SP$_{XLT,B}$	SP$_{SL,E}$	SP$_{XLT,E}$
2,5,7-三甲基-苯并[b]噻吩	0.13			
2,3-二乙基-苯并[b]噻吩			0.29	
4-丙基吡啶			0.69	2.50
乙基甲基吡啶			0.44	1.88
3,5-二甲基苯胺				0.19
N,N-二乙基-4-硝基苯胺				2.36
5,6-二甲基-1H-苯并咪唑		0.18		

表 2-10(续)

化合物	相对含量/%			
	$SP_{SL,B}$	$SP_{XLT,B}$	$SP_{SL,E}$	$SP_{XLT,E}$
5,8-二甲基-1,2,3,4-四氢喹喔啉	0.42			
1,2,3,4-四氢-6-甲氧基-1-甲基喹啉-8-胺			0.37	
4-(3-戊基)吡啶			0.52	1.15
6-异丙基苯并噻唑-2-胺				0.92
2-甲基-1-丙基-5-乙烯基-1H-吡咯				0.41
3-二甲胺基-9H-咔唑	0.35			

2.6 热溶物的大气压固体分析探针-飞行时间质谱(ASAP-TOF-MS)联用分析

ASAP-TOF-MS 是分析原油[102]和煤相关模型化合物[103,104]的有力工具。利用 IonSense 公司生产的大气压固体分析探针(ASAP™)和 HP 公司生产的 G6210型飞行时间质谱(TOF-MS)对热溶物进行快速检测分析。ASAP 在正离子模式下操作,具体参数如下:喷雾气压力为 40 psi①,操作温度为 350 ℃,干燥气流量为 9 L/min,电晕针放电电流为 4 mA,毛细管电压为 4 000 V,质核比扫描范围为 60～1 000。后面各章节 ASAP-TOF-MS 分析均采用此参数。如图 2-6 所示,$SP_{SL,B}$、$SP_{XLT,B}$、$SP_{SL,E}$ 和 $SP_{XTL,E}$ 中化合物的相对分子质量分别分布在 80～570、80～500、80～480 和 80～360,SL 热溶物化合物的相对分子质量较高。在 GC-MS 分析中未检测到热溶物中很多相对分子质量超过 300 的化合物。

根据软件计算和对热溶物的 GC-MS 分析,m/z 在 80～200 的质谱峰对应酚类、烷基苯和烷基萘化合物;m/z 在 200～360 的质谱峰对应三环以上缩合芳烃及其烷基取代物和 C_{14}—C_{26} 烷烃;m/z 在 360～500 的质谱峰可能代表着 C_{26} 以上烷烃、C_{22} 以上长链烷酸酯类化合物和甾类及萜类生物标志物。$SP_{SL,B}$ 中 m/z 为 269 的最高分子离子峰可能是相对分子质量为 268 的十九烷的质子化峰,附近主要的质谱峰则为对应的一系列烷烃同系物;代表甲基苯酚的 107 峰及 121 峰和代表长链烷酸酯的 411 峰则分别是另外两个区域的最高分子离子峰,这与 GC-MS 分析结果一致。

---

① 注:1 Pa=14.5×10⁻⁵ psi。

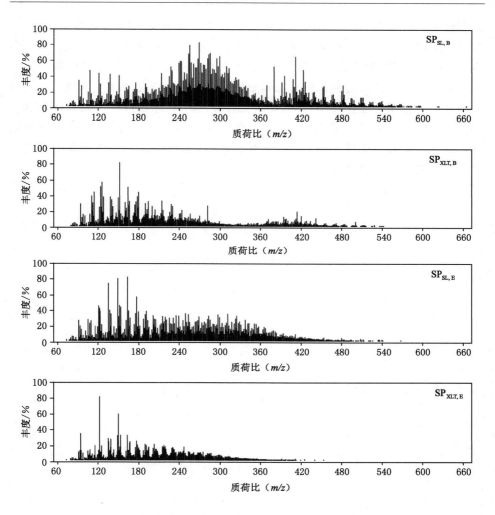

图 2-6　热溶物的 ASAP-TOF-MS 质谱图

2.7　本章小结

　　胜利褐煤和小龙潭褐煤可溶物的组成与其成煤地质年代密切相关。在两种褐煤中都检测到了一些生物标志物和从 C_{13}—C_{29} 呈连续分布的直链烷烃。根据烷烃的奇碳优势的差异、生物标志物的含量差别和热溶物中小分子化合物种类的差别推测小龙潭褐煤的成熟度相对低于胜利褐煤。与小龙潭褐煤相比,胜利褐煤中的有机质含有较少的脂肪烃和较多的芳烃。胜利褐煤中的芳烃主要以稠环芳烃和多环联苯为主,而小龙潭褐煤中芳烃以苯和萘的同系物为主。$SP_{SL,B}$ 和 $SP_{XLT,B}$ 中含氧有机化合物分别以酮和酚类化合物为主。与 $SP_{XLT,E}$ 相比,$SP_{SL,E}$ 中的芳基醚类化合物含量较高,而酯类化合物含量较低,这说明胜利褐煤中含有较高的芳基醚键和较低的酯基官能团。两种褐煤热溶物中含氮化合物的种类要明显多于含硫化合物,含氮化合物存在形式多样化且以含氮杂环化合物为主。ASAP-TOF-MS 是 GC-MS 的有效补充分析工具,可以检测出褐煤热溶物存在大量相对分子质量高于 300 的化合物,胜利褐煤比小龙潭褐煤的可溶有机质的相对分子质量高。

第 3 章　胜利褐煤的分级萃取和变温热溶

溶剂萃取是研究煤结构和从煤中获取具有工业价值原料(如石蜡、树脂和无灰煤)的有效方法[6,29]。强极性溶剂和二元溶剂[如吡啶、四氢呋喃(THF)和CS_2-NMP]可以增加煤的萃取率[105-107]。而且,在CS_2-NMP中加入少量的添加剂(如四氰乙烯和卤化物)可以有效提高煤的萃取率[108,109]。由于NMP具有高的沸点,很难将萃取物从其中分离出来,这给萃取物进一步加工利用、回收溶剂和研究萃取物的组成和结构特征都带来困难。此外,与烟煤不同,即使加入四氰乙烯或卤化物等添加剂,褐煤在CS_2-NMP中的萃取率也较低[110,111]。因此,为开发褐煤的萃取工艺并进一步研究萃取物的组成,需要采用常见易回收的低沸点溶剂(如甲醇、苯、丙酮和CS_2等)作为萃取溶剂。

为尽可能多地从煤中分离出有机质,近年来煤的热溶得到广泛的重视。Shui等[36]研究了神府次烟煤在1-甲基萘(1-MN)和甲基萘油中不同温度下的热溶。Haghighat等[85]考察了褐煤在四氢化萘中的低温热溶并提出了煤直接液化的前期设计。通过逐步提高萃取温度到350 ℃,Miura等[31,32]和Ashida等[33]将烟煤和褐煤在四氢化萘或1-MN中分离为七个组分。然而,关于热溶物的组成和结构特征的研究鲜有报道。不同低沸点溶剂中的分级萃取和变温逐级热溶有望尽可能多地分离出褐煤中有机质并进一步分析萃取物和热溶物的组成和结构特征。本章先利用CS_2、苯、甲醇、丙酮和THF对胜利褐煤进行分级萃取,随后将萃取残渣在苯、甲醇和丙酮中进行变温热溶,并采用FTIR、GC-MS和ASAP-TOF-MS研究了萃取物和热溶物的组成和结构特征。为讨论方便,胜利褐煤在CS_2、苯、甲醇、丙酮和THF中的萃取物分别命名为E_1—E_5;萃余煤在苯、甲醇和丙酮中的热溶物分别命名为BSPs、MSPs和ASPs;萃取残渣和热溶残渣分别命名为R_{SE}和ISP_{STD}。

3.1　实验方法

3.1.1　分级萃取

将30 g煤样和150 mL CS_2加入250 mL烧杯中用锡箔纸密封,然后将烧杯放入超声波清洗器中,超声萃取2 h。每一次萃取结束后将反应混合物用本级萃取溶剂洗涤过滤,分离为滤饼和滤液。滤液经旋转蒸发仪蒸除大部分溶剂后,用样品瓶回收萃取物。转移滤饼到 250 mL 的烧瓶中,继续加入 150 mL 的 CS_2 溶剂超声萃取。重复上述步骤,直到萃取物经气相色谱检测基本无峰为止。多次萃取所得萃取物合并后用已称重的样品瓶保存,编号为 E_1。将萃余煤真空干燥 24 h 后,进行下一级萃取。依次用苯、甲醇、丙酮和 THF 重复上述萃取过程,分别得到萃取物 E_2—E_5 和萃取残渣 R_{SE}。实验流程如图 3-1 所示。

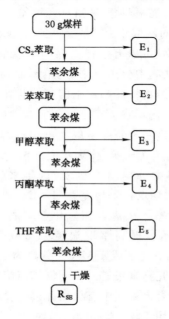

图 3-1　SL 的分级萃取实验流程

3.1.2　R_{SE} 在不同溶剂中的连续变温热溶

如图 3-2 所示,取 4 g R_{SE} 和 40 mL 的苯溶剂一起加入容积为 100 mL 的高压反应釜中,将反应釜密闭后,向釜内通入氮气,使釜内氮气压力达到 10 MPa,检漏并置换空气后,最终使釜内氮气压力保留约 1 MPa,连接好搅拌、加热和中轴冷却装置,开启控制面板,使釜内温度升温至 210 ℃,并保持 1 h。反应结束后将反应釜迅速用冷水冷却至常温,开启反应釜,转移反应混合物到抽滤装置中,并用反应溶剂反复洗涤分离反应混合物为 210 ℃ 热溶物 BSP_{210} 和热不溶物 $BISP_{210}$。将 $BISP_{210}$ 真空干燥 2 h 去除大部分溶剂后重新加入容积为 100 mL 的高压反应釜中,并加苯溶剂 40 mL,重复之前的准备工作,然后将釜内温度升温至 240 ℃,保持反应 1 h 后冷却反应釜至室温,并分离得到热溶物 BSP_{240} 和热不

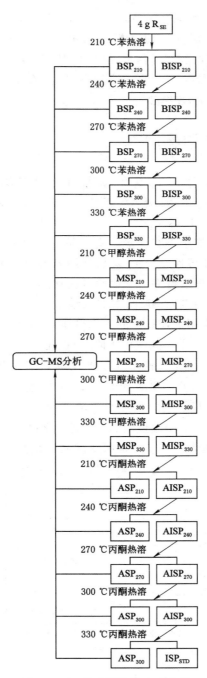

图 3-2　R_{SE}的连续热溶实验流程

溶物 $BISP_{240}$，继续按此步骤完成 $BISP_{240}$ 在 270 ℃、300 ℃和 330 ℃下的连续变温热溶，得到 $BISP_{270}$、$BISP_{300}$ 和 $BISP_{330}$。依照苯连续热溶的实验方法，完成 $BISP_{330}$ 在甲醇中的连续变温热溶，最终得到 $MISP_{330}$，之后继续完成在丙酮中的连续变温热溶。甲醇和丙酮中的热溶物命名为 $MSP_{210-330}$ 和 $ASP_{210-330}$，丙酮 330 ℃热不溶物为最终的连续热溶残渣 ISP_{STD}。

3.2 萃取物和热溶物产率

超声萃取选用的 5 种溶剂兼顾了溶剂的极性和溶解性，溶剂极性从小到大的顺序为 CS_2、苯、THF、丙酮、甲醇，而且 CS_2 和 THF 具有极好的溶解能力。E_1—E_5 的产率分别为 0.18％、0.03％、1.78％、0.26％和 0.61％，总的萃取率为 2.86％，这说明胜利褐煤中仅有少量的有机质可在常温下被萃取出。CS_2 萃取出了煤中大部分游离非极性小分子，然后利用苯特有的大 π 键与煤结构中的芳香结构相互作用，对褐煤进行进一步的物理溶胀与萃取。第三级甲醇的萃取率大幅度提升，可见极性溶剂对 SL 的萃取效果较好。在前面 3 种非极性与极性溶剂的连续超声萃取作用下，SL 中的大部分游离小分子已经得到分离，所以丙酮和 THF 的萃取率相比甲醇大幅度下降，但也比 CS_2 和苯的萃取率高。

图 3-3 为萃余煤在苯、甲醇和丙酮中连续热溶的热溶物产率。BSP_{240} 和 MSP_{240} 的产率分别与 BSP_{210} 和 MSP_{210} 的产率接近，而 ASP_{240} 的产率略低于 ASP_{210} 的产率；240 ℃以后，热溶物产率随温度的升高而上升，并没有因为连续热溶而减小。一方面，是由于温度升高，溶剂黏度降低，渗透能力增加；另一方面，在较高的温度下，褐煤大分子结构中弱的共价键会发生断裂，热溶由物理萃取转变为化学热溶[33]。MSP 的产率在高温阶段高于 BSP 的产率，这一方面是

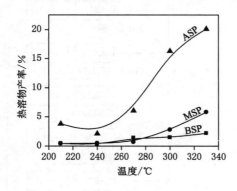

图 3-3 R_{SE} 连续热溶的热溶物产率

由于甲醇具有较高的极性和溶解性，另一方面是由于甲醇的亲核性，在较高温度时能进攻褐煤大分子结构中的含氧桥键，从而促进热溶物产率不断上升。ASP的产率在 240 ℃以后迅速增加，明显高于 BSP 和 MSP 的产率。苯、甲醇和丙酮的累计热溶物产率分别为 5.69%、10.15% 和 48.42%。萃取率、热溶率和热溶最终残渣产率（42.16%）之和远高于 100%，这可能是由于热溶过程中溶剂自身发生了反应转移到热溶物中。

3.3　热溶物的 GC-MS 分析

热溶物的 GC-MS 可检测化合物可分为链烷烃、环烷烃、烯烃、芳烃、酚类、醇类、醚类、呋喃类、酮类、醛类、酯类、羧酸类、有机硫化合物（OSCs）、有机氮化合物（ONCs）及其他化合物（OCs）。图 3-4 为不同溶剂各温度热溶物中各类化

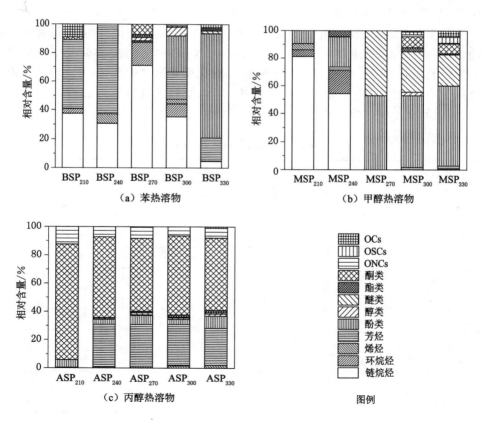

（a）苯热溶物　　　　　　（b）甲醇热溶物

（c）丙醇热溶物

图例
- OCs
- OSCs
- ONCs
- 酮类
- 酯类
- 醚类
- 醇类
- 酚类
- 芳烃
- 烯烃
- 环烷烃
- 链烷烃

图 3-4　不同溶剂各温度热溶物中各类化合物的相对含量分布

合物的相对含量分布。270 ℃及以下的 BSPs 中化合物以烃类化合物为主,而270 ℃以上的 BSPs 中化合物以酚类为主;BSP$_{330}$ 中酚类化合物总相对含量超过70%[图 3-4(a)]。苯的超临界温度为 288.94 ℃,由于高压反应釜中氮气初压为1 MPa,所以当热溶温度升高到 300 ℃时,反应釜内的苯已达到超临界状态。众多研究表明,超临界流体具有更好的渗透能力和萃取效果[112,113]。图 3-4(b)表明,MSP$_{210}$ 和 MSP$_{240}$ 中化合物仍然以烃类为主,这可能是由于褐煤结构的"胶囊效应"[114]。甲醇在高温时强的渗透性破坏了"胶囊"结构,从而导致包裹在 SL 大分子网络结构中的烃类在甲醇 210 ℃和 240 ℃热溶时溶出。

表 3-1 至表 3-12 列出了热溶物中检测到的各族组分化合物及其相对含量,未含有此族组分的热溶物未在表中列出。如表 3-1 所示,BSPs、MSP$_{210}$ 和MSP$_{240}$ 中共检测到 19 种正构烷烃和 30 种支链烷烃,大部分的支链烷烃为甲基烷烃,而 240 ℃以上的 MSPs 和所有温度下的 ASPs 中均未检测到链烷烃。BSP$_{210}$ 中检测到大量链烷烃和芳烃说明超声常温萃取时溶剂的渗透能力有限,并不能完全萃取出褐煤中游离态链烷烃和芳烃类化合物,温度升高,可以促进苯的渗透和溶解,进一步获得褐煤大分子体系中镶嵌的化合物。BSP$_{240}$ 中链烷烃和芳烃的相对分子质量较 BSP$_{210}$ 有所增大,这说明热溶温度升高,可促进苯对相对分子质量较大的链烷烃和芳烃的溶解。270 ℃时苯具有更好的渗透萃取能力,因此 BSP$_{270}$ 中链烷烃的种类和数量大大增加。

表 3-1　热溶物中检测到的链烷烃

化合物	相对含量/%						
	BSP$_{210}$	BSP$_{240}$	BSP$_{270}$	BSP$_{300}$	BSP$_{330}$	MSP$_{210}$	MSP$_{240}$
癸烷	0.97				0.26		
正十三烷			0.87	0.66	0.18		
正十四烷	4.39		2.14	2.03	0.53	5.69	
正十五烷	8.52		3.60	3.35	0.32	17.82	3.96
正十六烷	3.98		3.77	2.85	0.33	17.43	
正十七烷	2.20		4.74	2.71	0.50	8.29	5.72
正十八烷			3.60	2.71	0.36		4.25
正十九烷			0.53	2.60	0.41	3.32	
正二十烷			4.97	1.87	0.27		5.50
正二十一烷		1.27	3.12	2.46	0.25		3.36
正二十二烷			2.34	1.51	0.25		2.72

表 3-1(续)

化合物	相对含量/%						
	BSP210	BSP240	BSP270	BSP300	BSP330	MSP210	MSP240
正二十三烷		4.55	1.13		0.16		1.75
正二十四烷			1.95	1.86	0.13		
正二十五烷			2.81		0.12		
正二十六烷			1.65		0.08		
正二十七烷			1.23		0.09		
正二十八烷	2.24		2.29				
正二十九烷	1.61	9.78	3.53				4.04
正三十一烷		15.07					
2,6-二甲基辛烷	0.68						
2,6-二甲基十一烷			1.30	1.70		7.15	
2,9-二甲基十一烷			0.20				
2,6,10-三甲基十二烷	0.37		0.95	1.71			2.85
2,6,8-三甲基十二烷	1.25						
4-甲基十三烷	0.50		0.72				
3-甲基十四烷	1.24						
7-甲基十五烷	4.15		2.08				
3-甲基十五烷			0.80			3.54	5.16
5-甲基十四烷						1.40	
2-甲基十四烷							2.96
2-甲基-5-丙基壬烷				2.69			
7-甲基十六烷						1.84	
4-甲基十六烷			0.57				
2-甲基十六烷			0.98				
7,9-二甲基十六烷							5.36

表 3-1(续)

化合物	相对含量/%						
	BSP$_{210}$	BSP$_{240}$	BSP$_{270}$	BSP$_{300}$	BSP$_{330}$	MSP$_{210}$	MSP$_{240}$
2,6,10-三甲基十六烷	2.63				0.24		
2,6,10,14-四甲基十五烷			3.40				
4-甲基十五烷			0.97				
4-甲基十七烷			1.10				
2-甲基十八烷			0.87				
3-甲基十七烷						5.21	5.35
2,6,11,15-四甲基十六烷						4.94	
2,6,10,14-四甲基十六烷	2.70		5.19	2.24	0.11	4.48	
6-甲基十八烷			1.00				
3-甲基十八烷			1.42				1.42
9-甲基十九烷			1.40				
4-甲基十九烷			0.68				
2,3-二甲基十九烷			0.67				
2,6,10,14-四甲基十八烷			2.50	2.30			

除了链烷烃外,还检测到八氢-1H-茚、十氢萘、十四氢蒽、带支链的环己烷以及甾烷、霍烷类等环烷烃,并且大部分为典型的生物标志物(表 3-2)。生物标志物的识别有助于揭示胜利褐煤的成煤环境和成煤植物,丰富地球化学知识。从表 3-3 可以看出,BSPs 中共检测到 5 种直链烯烃,而 MSPs 中仅检测到 1 种长链烯烃和 1 种环烯烃,即(E)-十九碳-5-烯和 5,5-二甲基-1,2-二丙基环戊-1,3-二烯。然而,ASPs 中检测到 16 种烯烃,并且大部分为环烯烃,包括环戊烯、环戊二烯、环己烯和环己二烯的同系物,这说明 SL 大分子结构中存在较多的环烯结构单元。

表 3-2　热溶物中检测到的环烷烃

化合物	相对含量/%								
	BSP210	BSP270	BSP300	BSP330	MSP210	MSP240	ASP240	ASP270	ASP330
十氢萘									0.12
(2R,4aS)-2-甲基十氢萘		0.32							
2-甲基十氢萘		0.46							
1,2-二甲基十氢萘		0.43							
4a-甲基十氢萘		0.48							
2,6-二甲基十氢萘		0.10							
2,3-二甲基十氢萘		0.37							
1,1,2,2,3-五甲基十氢萘	0.77	0.88	2.22			1.58			
4-异丙基-1,6-二甲基十氢萘		0.61							
辛基环己烷	1.59				2.55				
癸基环己烷					2.38				
十一烷基环己烷		0.72				1.66			
十五烷基环己烷		0.66							
十九烷基环己烷			1.14						
2-丁基-1,1,3-三甲基环己烷		0.44							
(2R,6R,9S)-2,9-二甲基螺环[5.5]十一烷		0.33							
二环己烷基甲烷							0.68		
1,3,6-三甲基金刚烷								0.07	
2,2,4,4,7,7-六甲基八氢-1H-茚	0.95								
(3aR,7aR)-2,2,4,4,7,7-六甲基八氢-1H-茚		1.17							
9-十二烷基十四氢蒽		1.08							
粪甾烷		0.70							
胆甾烷		0.64							
化合物1①		2.03				6.45			
23,28-双降羽扇烷基-17-藿烷		0.62							
28-降藿烷		5.032	5.53	0.29		7.02			

注:① 化合物 1 指(5R,8R,9S,10S,13R,14R,17R)-10,13-二甲基-17-((R)-6-异辛烷-2-基)-十六烷基环戊烷并[a]多氢菲。

表 3-3 热溶物中检测到的烯烃

化合物	相对含量/%								
	BSP$_{240}$	BSP$_{270}$	BSP$_{300}$	BSP$_{330}$	MSP$_{210}$	MSP$_{330}$	ASP$_{270}$	ASP$_{300}$	ASP$_{330}$
1-十八碳烯		0.92							
(E)-7-甲基十三碳-6-烯	3.49								
1-十九碳烯	3.05								
1-十四碳烯			0.98						
(E)-十四碳-7-烯			2.52	0.07					
5,5-二甲基-1,2-二丙基环戊-1,3-二烯						0.52			
(E)-十九碳-5-烯					4.50				
(3Z,7E)-2,9-二甲基癸烷-3,7-二烯							0.39		
1,2,6,6-四甲基环己-1,3-二烯							0.13		0.20
1,5,5,6-四甲基环己-1,3-二烯								0.06	0.13
1,5,5-三甲基-3-甲烯基环己-1-烯							0.09	0.07	
1-甲基-4-(丙-2-烯基)环己-1-烯									0.34
1,4,6,6-四甲基环己-1-烯									0.20
1-甲基-1-(2-甲基烯丙基)环戊烷								0.32	
2-异丙基-1,3-二甲基环戊-1-烯								0.80	
1-异丙基-4,5-二甲基环戊-1-烯							0.15		
1,2,3,4,5-五甲基环戊-1-烯								0.18	
2-乙基-5,5-二甲基环戊-1,3-二烯								0.22	0.34
1-乙基-5,5-二甲基环戊-1,3-二烯									0.27

表 3-3(续)

化合物	相对含量/%								
	BSP$_{240}$	BSP$_{270}$	BSP$_{300}$	BSP$_{330}$	MSP$_{210}$	MSP$_{330}$	ASP$_{270}$	ASP$_{300}$	ASP$_{330}$
5-乙基-1,2,3,4-四甲基环戊-1,3-二烯									0.10
3,7,7-三甲基二环[4.1.0]庚-2-烯									0.14
1,5,6,7-四甲基[3.2.0]庚-2,6-二烯									0.14
2,3-二甲基[2.2.1]庚-2-烯								0.20	

　　从表 3-4 可以看出,热溶物中共检测到 62 种芳烃。近年来,由于其致畸性、诱变性和致癌性,煤转化过程中释放的稠环芳烃引起人们广泛的重视[68,115,116]。检测到的芳烃中除了一系列苯的同系物、5 种联苯、茚及其 4 种同系物外,还有 26 种稠环芳烃。虽然 BSP$_{210}$ 和 BSP$_{240}$ 中仅分别检测到 10 种和 6 种芳烃,但芳烃的总相对含量达到 48.63% 和 62.80%。联苯主要富集在 BSP$_{240}$ 中,其中联苯、[1,1′;2′,1″;3″,1‴]四联苯和[1,1′;2′,1″;2″,1‴]四联苯的相对含量分别为 14.45%、19.30% 和 13.16%,有望通过褐煤热溶和随后的分离获取这些高附加值化学品。虽然 MSPs 中仅检测到少量的芳烃,但 240 ℃ 以上的 ASPs 中芳烃含量超过 25%,尤其是三甲基苯的含量超过 20%,这进一步证明了褐煤大分子存在"胶囊"结构。

　　如表 3-5 所示,热溶物中共检测到 51 种酚类化合物,其中 7 种相对含量超过 10%,这与褐煤中酚羟基含量高相一致。Siskin 等[93]指出酚主要来自煤中 ArCH$_2$-OAr(Ar 为芳基)结构的断裂,而不是褐煤中游离酚类化合物的溶出。热溶物中酚主要为甲基酚和甲氧基酚,说明 SL 大分子网络结构中存在大量 ArCH$_2$OAr 和 ArCH$_2$OArOCH$_3$ 结构单元。

　　从表 3-6 可以看出,热溶物中共检测到 10 种醇类化合物,说明褐煤大分子网络结构中除酚羟基外还存在少量的醇羟基。从表 3-7 可以看出,热溶物中检测到 6 种脂肪酯和 9 种芳香酯,但各种热溶物中酯类化合物的总相对含量大部分低于 3%。从表 3-8 可以看出,热溶物中共检测到 20 种醚类化合物,并且大部分为烷氧基苯,其中 2-异丙基-1-甲氧基-4-甲基苯在 MSPs 中的相对含量很高。

表 3-4　热溶物中检测到的芳烃

化合物	相对含量/%												
	BSP$_{210}$	BSP$_{240}$	BSP$_{270}$	BSP$_{300}$	BSP$_{330}$	MSP$_{240}$	MSP$_{300}$	MSP$_{330}$	ASP$_{210}$	ASP$_{240}$	ASP$_{270}$	ASP$_{300}$	ASP$_{330}$
乙苯	15.02												
间二甲苯	7.51								0.39	3.65	1.57		
对二甲苯													1.43
邻二甲苯	4.16				0.57								
苯乙烯					0.10								
异丙基苯	6.03				0.28								
丙基苯					0.44								
1-乙基-3-甲基苯					0.34								
1-乙基-2-甲基苯					0.23						0.03		
1-乙基-4-甲基苯					0.36								
均三甲苯	1.00				0.25								
1,2,3-三甲基苯					0.56					25.87			
1,2,4-三甲基苯					0.70						25.78		
1-甲基-4-丙基苯	0.98												
2-乙基-1,4-二甲基苯	1.03												
2-乙基-1,3-二甲基苯					0.14								
1-乙基-3,5-二甲基苯			0.25									26.62	21.09

表 3-4（续）

化合物	相对含量/%												
	BSP$_{210}$	BSP$_{240}$	BSP$_{270}$	BSP$_{300}$	BSP$_{330}$	MSP$_{240}$	MSP$_{300}$	MSP$_{330}$	ASP$_{210}$	ASP$_{240}$	ASP$_{270}$	ASP$_{300}$	ASP$_{330}$
正丁苯					0.31								
1,2,3,4-四甲基苯					0.09								
1,2,3,4-四氢萘	0.69												
1-异丙基-2,3,4,5-四甲基苯								2.16					
1,2,3,4,5,6-六甲基苯							0.35						
2-异丁基-1,4-二甲基苯											0.33	0.61	0.57
1,3,5-三甲基-2-(丙-1-烯-2-基)苯											0.20	0.15	0.18
(E)-1-(丁-2-烯基)-2,3-二甲基苯										0.21	0.43	0.36	0.34
(E)-4-(丁-2-烯基)-1,2-二甲基苯										0.48	0.82	0.11	
1,2,4-三甲基-5-(丙-1-烯-2-基)苯												0.68	0.53
1-乙基-4-异丁基苯											0.35	0.71	1.36
1,4-二乙基-2-甲基苯													0.09
2-异丙基-1,3,5-三甲基苯													0.09
萘	8.88												

表 3-4（续）

化合物	相对含量/%												
	BSP_{210}	BSP_{240}	BSP_{270}	BSP_{300}	BSP_{330}	MSP_{240}	MSP_{300}	MSP_{330}	ASP_{210}	ASP_{240}	ASP_{270}	ASP_{300}	ASP_{330}
1-甲基萘				0.42	0.90								
2-甲基萘					0.98								
2,6-二甲基萘				1.71	0.30								
2,7-二甲基萘				0.93	0.46								
6,7-二甲基-1,2,3,4-四氢萘					0.47								
2-乙烯基萘	3.33												
1,4,6-三甲基萘					0.43								
1,6,7-三甲基萘				1.34	0.16	1.43					0.11		0.12
2,3,6-三甲基萘				1.52	0.21								
4-异丙基-1,6-二甲基萘		5.18											
1,2,3,4-四甲基萘					0.36								
1-苯基-1,2,3,4-四氢萘		4.25											
1,3-二甲基萘				1.53									
1,4,5,8-四甲基萘													0.09
4-异丙基-1,6-二甲基萘				2.36									
4-异丙基-1,6-二甲基-1,2,3,4-四氢萘													0.09

表 3-4(续)

化合物	相对含量/%												
	BSP₂₁₀	BSP₂₄₀	BSP₂₇₀	BSP₃₀₀	BSP₃₃₀	MSP₂₄₀	MSP₃₀₀	MSP₃₃₀	ASP₂₁₀	ASP₂₄₀	ASP₂₇₀	ASP₃₀₀	ASP₃₃₀
7-异丙基-1-甲基菲				1.35									0.17
茚满					0.10								
1-甲基-1H-茚					0.17								
1,1,3-三甲基-1H-茚					0.63								0.09
1,1,2,3,3-六甲基-2,3-二氢-1H-茚				2.31									
1,1,4,5,6-五甲基-2,3-二氢-1H-茚													
2-甲基-9H-芴					0.04								
1-甲基-9H-芴					0.12		1.18						
9-癸基蒽						0.96							
9,10-二甲基-1,2,3,4-四氢蒽											0.12		
联苯		14.45		4.29	5.25								
二苯基甲烷		6.46		1.04	1.01								
1,1-二苯基乙烷		19.30											
[1,1':2',1″;3″,1‴]四联苯		13.16											
[1,1':2',1″;2″,1‴]四联苯													

表 3-5　热溶物中检测到的酚类化合物

化合物	BSP300	BSP330	相对含量/%									
			MSP210	MSP240	MSP270	MSP300	MSP330	ASP210	ASP240	ASP270	ASP300	ASP330
苯酚		12.56	9.47									
邻甲酚		8.60										
对甲酚	5.47	15.08									0.29	1.04
间甲酚	1.96									0.91	0.38	
2-甲氧基苯酚		0.73										
4-甲氧基苯酚		0.16										
2,3-二甲基苯酚		1.09										0.96
2,4-二甲基苯酚	5.31											
3,4-二甲基苯酚		2.05									0.24	
2,5-二甲基苯酚						6.57						
3,5-二甲基苯酚		7.65								0.38	0.69	2.29
2,6-二甲基苯酚		1.69					10.27					
2-乙基苯酚	4.75	4.10										
4-乙基苯酚		1.52								0.10		0.14
3-乙基苯酚		2.63								0.22		
愈创木酚								3.55		0.37		
4-甲氧基-3-甲基苯酚										0.37	0.29	1.25

表 3-5(续)

化合物	BSP₃₀₀	BSP₃₃₀	MSP₂₁₀	MSP₂₄₀	MSP₂₇₀	MSP₃₀₀	MSP₃₃₀	ASP₂₁₀	ASP₂₄₀	ASP₂₇₀	ASP₃₀₀	ASP₃₃₀
					相对含量/%							
2-甲氧基-5-甲基苯酚						1.37	0.83		2.47	1.18	0.13	0.25
2-甲氧基-6-甲基苯酚		0.38										
4-乙基-1,3-二酚										0.87		0.12
2,3-二甲苯-1,4-二酚											0.71	
2-乙基-5-甲基苯酚		1.01					0.75					
2-乙基-6-甲基苯酚		1.68					1.42					
2-乙基-4-甲基苯酚		0.56										
3-乙基-5-甲基苯酚		2.21										
4-乙基-2-甲基苯酚		0.63				0.79	0.49					
2,3,5-三甲基苯酚		0.63			4.49	4.02						
2,3,6-三甲基苯酚		0.69		2.63		12.36	6.14					0.11
3,4,5-三甲基苯酚		1.92										
2,4,6-三甲基苯酚		0.70				0.89	14.66					0.38
2-乙基-4,5-二甲基苯酚		1.28				1.50						
2-异丙基-5-甲基苯酚	4.02	0.20				2.82	1.90			0.35		0.58
4-异丙基-3-甲基苯酚		0.52					0.63					
5-异丙基-2-甲基苯酚		1.31				0.69	3.60					0.44

表 3-5（续）

化合物	相对含量/%											
	BSP₃₀₀	BSP₃₃₀	MSP₂₁₀	MSP₂₄₀	MSP₂₇₀	MSP₃₀₀	MSP₃₃₀	ASP₂₁₀	ASP₂₄₀	ASP₂₇₀	ASP₃₀₀	ASP₃₃₀
2-甲基-4-丙基苯酚		0.37										
2,3,4,6-四甲基苯酚		0.27		4.66		7.50	6.05	1.96				
2,3,5,6-四甲基苯酚		0.97			23.87	4.66	4.61				0.26	
5-甲氧基-2,3,4-三甲基苯酚				2.98								
3-甲氧基-2,4,6-三甲基苯酚					6.50	0.73						
3-甲氧基-2,5,6-三甲基苯酚							0.79					
2,4-二异丙基苯酚					1.56	0.85	0.74					
2,5-二异丙基苯酚									0.37			
2,6-二异丙基苯酚					3.40	2.25	1.53		0.38	0.72	0.63	0.76
3,5-二异丙基苯酚										1.00		0.40
2-叔丁基-6-甲基苯酚						1.07	0.84					
2-叔丁基-4,6-二甲基苯酚	1.66			3.75	1.11		0.84		0.30			
2-叔丁基-1-4-甲氧基苯酚					11.90	3.20	1.22					
2-叔丁基-5-甲基苯酚				8.06								
2-丙基苯酚	2.55											
9H-芴-2-酚		0.14										
(E)-4-苯乙烯基苯酚		0.07										

表 3-6　热溶物中检测到的醇类化合物

化合物	相对含量/%						
	BSP$_{270}$	BSP$_{300}$	BSP$_{330}$	MSP$_{300}$	ASP$_{270}$	ASP$_{300}$	ASP$_{330}$
3,5,5-三甲基环己-2-烯醇				0.25	0.29	0.45	
(3,5-二甲苯基)甲醇							0.19
(2E,4Z,6Z)-3-甲氧基-5-甲基环庚-2,4,6-三烯醇		5.89					0.48
(3,4-二甲苯基)甲醇						0.12	0.26
1,2,2,3-四甲基环戊-3-烯醇						0.49	
环己烷基(2,3-二甲苯基)甲醇					0.17		0.12
9H-芴-9-醇			0.16				
3-甲基-1-(2,4,5-四甲苯基)正丁醇						0.17	
(4-叔丁基苯基)甲醇				2.63			
表木栓醇	2.36						

表 3-7　热溶物中检测到的酯类化合物

化合物	相对含量/%							
	BSP$_{270}$	MSP$_{240}$	MSP$_{300}$	MSP$_{330}$	ASP$_{240}$	ASP$_{270}$	ASP$_{300}$	ASP$_{330}$
醋酸(E)-己-3-烯酯								0.25
3-甲基丁酸乙酯							0.10	
3-甲基-2-丁烯酸乙酯						0.72		
(Z)-2-甲基-2-丁烯酸炔丙酯								0.35
双(1-苯丙基)戊二酸酯						0.32		
间甲苯乙酸乙酯					0.35			
醋酸 2-异丙基苯酯								0.45
醋酸 2-甲氧基-5-甲基苯酯								0.21
3-甲基苯甲酸丙炔酯								0.14
醋酸 4-甲酰基苯酯								0.18
癸酸(Z)-己-3-烯酯							1.48	
邻苯二甲酸正丁基异丁基酯		3.05						
邻苯二甲酸二异丁基酯	1.93							
2-甲基十四烷酸甲酯		1.38						
邻苯二甲酸二丁酯			3.01	0.89				

表 3-8　热溶物中检测到的醚类化合物

化合物	相对含量/%								
	BSP₃₀₀	BSP₃₃₀	MSP₂₇₀	MSP₃₀₀	MSP₃₃₀	ASP₂₄₀	ASP₂₇₀	ASP₃₀₀	ASP₃₃₀
1,4-二甲氧基苯						0.66	0.74		0.36
苯甲醚		0.22							
1-甲氧基-4-甲基苯		0.11							
1-甲氧基-3-甲基苯		0.41							
1-异丙基-4-甲氧基苯					0.24				0.14
1-乙基-4-甲氧基苯		0.84							
1-叔丁基-4-乙氧基苯							0.39		0.42
2-乙基-1-甲氧基-4-甲基苯					0.87				
乙氧基苯						0.21			
2,5-二甲氧基-1-乙基-苯		0.29							
14-仲丁基-4-甲氧基苯					1.37				
1-异丙基-2-甲氧基-4-甲基苯					1.41				
1-丁基-4-甲氧基苯					0.93				
1-(甲氧甲基)-4-甲基苯								0.40	
2-丙基-1-甲氧基-4-甲基苯			47.17	25.49	17.72				
1,4-二甲氧基-2-甲基苯	0.96								
1,4-二甲氧基-2,3-二甲基苯				3.83					
(2-甲氧异丙基)苯								0.07	
4-甲氧基-1-戊烯							0.05		
1-(己氧基)己烷							0.30		

　　从表 3-9 可以看出，ASPs 中检测到 43 种酮类化合物，其中佛尔酮和异佛尔酮及其同系物相对含量很高，而 BSPs 和 MSPs 中共检测到 16 种酮类化合物，并且未检测到佛尔酮和异佛尔酮及其同系物。在相同的条件下，用丙酮做空白实验时没有检测到除丙酮外的其他化合物。丙酮能在催化剂作用下转化为佛尔酮和异佛尔酮及其同系物[117]，因此，ASPs 中大部分的酮类主要来自丙酮在 SL 中矿物质催化作用下自身缩合或与热溶物中化合物反应的产物，这也是萃取物、热溶物和热溶残渣的总量超过 100% 的原因。

表 3-9　热溶物中检测到的酮类化合物

化合物	相对含量/%									
	BSP₂₁₀	BSP₂₇₀	BSP₃₃₀	MSP₃₀₀	MSP₃₃₀	ASP₂₁₀	ASP₂₄₀	ASP₂₇₀	ASP₃₀₀	ASP₃₃₀
5-甲基-3-庚烯-2-酮								0.04		0.42
(E)-3-甲基-3-庚烯-2-酮								0.13		
1-(2,4-二甲基呋喃-3-基)乙酮										0.27
4-甲氧基-4-甲基-2-戊酮						0.98	0.35			
3-甲基-2-环戊烯-1-酮			0.18							
2,3,4,5-四甲基-2-环戊烯-1-酮							1.17	0.21	0.17	0.32
4-甲基-3-环己烯-1-酮							0.21	0.08		
4,6-二甲基-5-庚烯-2-酮							0.19	0.64	0.91	0.59
5,6-二甲基-5-庚烯-2-酮										1.15
3,3-二甲基-4,5-庚二烯-2-酮						0.20	0.92	0.67	0.52	
(E)-3-(2,4-戊二烯基)2,4-戊二酮								0.22		
3,3,6-三甲基-1,5-庚二烯-4-酮						1.20	3.46	0.47		2.18
3,5,5-三甲基-2-环己烯-3-酮							0.56	1.40	1.23	3.04
2,3-二甲基环戊-2-烯酮			0.21							
3-(1,2-丙二烯基)2-庚酮						1.07	1.53			
6-甲基-2-庚酮						1.26	0.17			
3,4,4-三甲基戊-2-烯酮				1.91	1.43					
1-乙氧基环己-2-烯酮						48.57	8.62			
3-甲基环己-2-烯酮								0.37		1.32
3,5-二甲基环己-2-烯酮							0.50		0.82	0.41

表 3-9（续）

化合物	相对含量/%									
	BSP210	BSP270	BSP330	MSP300	MSP330	ASP210	ASP240	ASP270	ASP300	ASP330
佛尔酮						12.12	12.79	9.78	7.09	4.59
异佛尔酮						12.88	23.39	28.83	36.40	28.40
2,6-二甲基-6-硝基-2-庚烯-4-酮						3.47	0.90			
2-甲基-2-癸烯-4-酮									3.29	
2,3,4,5-四甲基环戊-2-烯酮				0.82	0.23					
2,6,6-三甲基环己-2-烯-1,4-二酮								0.10	0.12	0.29
4-异丙基环己-2-烯酮										0.20
(E)-3-异丙基-3,6-二甲基-4,6-庚二烯-2-酮								0.16		0.17
2,5,5-三甲基环己-2-烯酮							0.70	0.66		
1-(4-甲氧基苯基)-1-丁酮							0.48	0.39		
4-甲基苯丙酮								0.67	0.70	0.70
1-(3,4-二甲基苯基)乙酮							0.19			0.15
1-(2-乙氧基苯基)-2-丙酮							0.48	0.55	0.47	
2-烯丙基-3,5,5-三甲基环己-2-烯酮							0.28	0.44	0.39	
2-(1,2-丙二烯基)六氢-1H-茚-4(2H)-酮										
1-三甲苯乙酮								0.76	0.85	1.00
1-(3-乙氧基苯基)-2-丙酮								0.14		0.14
1,4,4-三甲基-8-氧杂二环[3.2.1]癸-6-烯-2-酮										0.28
四甲基对苯醌					0.74					
1-(2-羟基-5-甲基苯基)乙酮								0.07		

表3-9(续)

化合物	相对含量/%									
	BSP_{210}	BSP_{270}	BSP_{330}	MSP_{300}	MSP_{330}	ASP_{210}	ASP_{240}	ASP_{270}	ASP_{300}	ASP_{330}
(S)-3-甲基-6-(1-丙烯-2-基)环己-2-烯酮								1.03		
3,3,6-三甲基二环[3.1.0]-2-己酮										1.76
(Z)-1-(3,5,5-三甲基-2-环己烯-1-亚基)丙酮							0.29	0.88	0.93	0.61
1-(2-羟基-4,5-二甲基苯基)乙酮					0.82					
(E)-6-(1-丙烯基)二环[3.1.0]-2-己酮								2.17		1.54
1-(苯并[d][1,3]二氧杂环戊-5-烯基)乙酮					0.67					
4-亚环己烯-3,3-二乙基-2-丙酮	1.85									
1-(3,5-二甲氧基苯基)乙酮					0.66					
(4aS,8aS)-1,1,8a-三甲基六氢萘-2,6(1H,7H)-二酮										
1-(2,5-二甲基苯基)乙酮				1.94					0.96	
1-(5-羟基-2,3,4-三甲基苯基)乙酮					0.57					
1-(2,7-二氢萘-1-基)乙酮								0.07		
5-异丙基-2-亚甲基环己酮		1.57								
3,3,6,8-四甲基-3,4-二氢萘-1(2H)-酮				1.76					0.11	
2,3,5,6-四甲基-2,5-环己二烯-1,4-二酮										
1-(2,4,5-三甲基苯基)乙酮					0.40			0.58	0.90	1.23
1-(4-己基苯基)乙酮					1.07					
(E)-4-(4-甲氧基苯基)-3-丁烯-2-酮				1.66	0.58					
(E)-1-(2,6,6-三甲基-1-环己烯-1-基)-1-戊烯-3-酮			5.48							

依据丙酮热溶物中检测到的酮类化合物推导出丙酮自身缩合反应机理,如图 3-5 所示。在热溶过程中,两个丙酮分子首先结合生成 4-羟基-4-甲基-戊烷-2-酮,而后脱去一个水分子生成 4-甲基-3-戊烯-2-酮。4-甲基-3-戊烯-2-酮随后与一个丙酮分子结合生成两种羟基酮类中间体 T1 和 T2,T1 脱去一个水分子生成佛尔酮和异佛尔酮,T2 脱去一个水分子生成 4,6-二甲基-3,5-庚二烯-2-酮。作为三甲苯前驱体的 4,6-二甲基-3,5-庚二烯-2-酮,可迅速脱去一个水分子生成更稳定的均三甲苯。

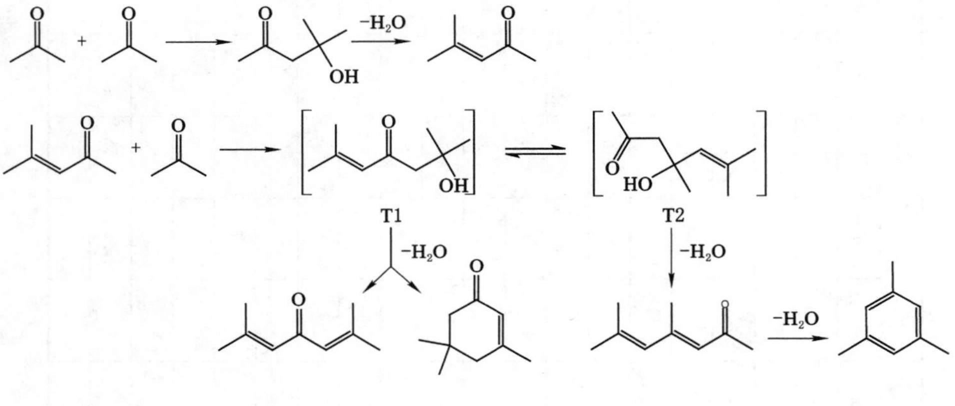

图 3-5　丙酮自身缩合反应机理

煤中 ONCs 和 OSCs 是煤作为燃料利用的主要污染物前驱体,因此,分离和鉴别煤中 ONCs 和 OSCs 有利于从分子水平上揭示煤中有机氮和有机硫的赋存形态和发展有效的脱硫脱氮技术[97]。研究表明,煤中的 ONCs 主要包括嘧啶、胺类、喹啉、咔唑、吖啶和喹喔啉等[99]。如表 3-10 所示,热溶物中检测到的 ONCs 包括吡唑、胺基、嘧啶、咪唑、喹啉、吡咯和吲哚等。BSPs 和 MSPs 仅分别检测到 4 和 3 种 ONCs,而 APSs 中检测到 20 种 ONCs,并且每个温度下的 ASPs 中的 ONCs 的总相对含量均超过 5%,说明丙酮是在温和条件下溶出 SL 中 ONCs 的良好溶剂,这可能是由于 SL 中 ONCs 能与丙酮形成 N—H…O 氢键,从而削弱了 ONCs 与 SL 大分子网络结构之间的氢键,导致其在温和条件下溶出[118]。热溶物中检测到的 OSCs 包括甲基(苯基)硫烷和 5 种噻吩(表 3-11)。所有的 OCs 均为含氧有机化合物,包括呋喃、羧酸、醛和苯并间二氧杂环戊烯等,如表 3-12 所示。

表 3-10　热溶物中检测到的有机氮化合物

化合物	相对含量/%								
	BSP₃₀₀	BSP₃₃₀	MSP₃₀₀	MSP₃₃₀	ASP₂₁₀	ASP₂₄₀	ASP₂₇₀	ASP₃₀₀	ASP₃₃₀
5-叔丁基-4-甲基-1H-咪唑								0.05	0.29
2,4,6-三甲基吡啶									0.16
1H-吡唑-3-胺							3.35	0.56	0.85
N-(5-氧代-2,5-二氢呋喃-2-基)乙酰胺					1.99	0.81			0.22
2,6-二甲基嘧啶-4-胺					6.39	5.17	3.19	2.36	1.92
7-甲基-1H-吲唑		0.10							
1-(5-甲基-1H-吡唑-3-基）丙-2-胺								0.82	2.47
4-乙基-2,6-二甲基吡啶						0.39			
4-甲氧基苯-1,2-二胺								0.70	
5,6-二甲基-1H-苯并[d]咪唑		0.52							
5,5-二甲基-4-(丙-2-烯)-4,5-二氢-1H-吡唑					1.18		0.12	0.52	
(E)-2-(丁-2-烯基)-1H-咪唑							0.19		
5-羟基吡啶								2.00	
2,5,6-三甲基-1H-苯并[d]咪唑		0.25						0.17	0.27
3,5-二甲基苯胺									0.11
4-乙基苯甲酰胺									0.20
3-氧代-N-(吡啶-2-基)丁酰胺						0.80			
1-丁基-1,2,3,4-四氢异喹啉							0.14	0.15	0.18
1H-吲哚-4-胺							0.08		0.22
2,3-二甲基-1,2,3,4-四氢喹喔啉				0.46					
N,N'-二乙基-1,3-苯二胺					2.80				
(E)-N-异丙基-1-苯基亚胺									0.14
5,6-二甲基-2,3-二氢-1H-吡咯并[3,2,1-ij]喹啉								0.05	

表 3-10(续)

化合物	相对含量/%								
	BSP_{300}	BSP_{330}	MSP_{300}	MSP_{330}	ASP_{210}	ASP_{240}	ASP_{270}	ASP_{300}	ASP_{330}
N^1-乙基-N^4,N^4-二甲苯-1,4-二胺			0.76						
N^1,N^1,N^4,N^4-四甲基苯-1,4-二胺			0.61						
N,N-二甲基-9H-咔唑-3-胺	1.01								

表 3-11 热溶物中检测到的有机硫化合物

化合物	相对含量/%			
	BSP_{330}	MSP_{300}	MSP_{330}	ASP_{270}
2,3-二甲基噻吩	0.10			0.03
2,3,4-三甲基噻吩	0.08			
甲基(苯基)硫烷	0.08			
2-乙基-5,7-二甲基苯并[b]噻吩			3.19	
2,7-二乙基苯并[b]噻吩		2.06	0.76	
7-乙基-2-丙基苯并[b]噻吩			0.53	

表 3-12 热溶物中检测到的其他化合物

化合物	相对含量/%					
	BSP_{210}	BSP_{330}	MSP_{300}	MSP_{330}	ASP_{270}	ASP_{330}
苯并呋喃		0.38				
2-甲基苯并呋喃		0.96				
4,7-二甲基苯并呋喃		1.22				
2-甲氧基呋喃					0.31	
4,4,5,8-四甲基-4H-苯并吡喃					0.03	
7-甲氧基-2,2-二甲基-2H-苯并吡喃				0.56		
4-甲基二苯并[b,d]呋喃		0.25				
2,2,5,6-四甲基-2,3-苯并二氢呋喃				0.27		
2,3,3,4,7-五甲基-2,3-苯并二氢呋喃				1.23		

表 3-12(续)

化合物	相对含量/%					
	BSP$_{210}$	BSP$_{330}$	MSP$_{300}$	MSP$_{330}$	ASP$_{270}$	ASP$_{330}$
4-羟基丁酸	8.80					
4-羟基-3-甲氧基苯甲酸				1.43		
4-丙基苯甲酸				0.53		
4-异丙基苯甲酸			0.73			
2-(3-甲基环己-2-烯基)乙醛						0.27
(E)-2-甲基-3-苯基丙烯醛						0.49
5-异丁基苯并[d][1,3]间二氧杂环戊烯						0.18
5-丙基苯并[d][1,3]间二氧杂环戊烯				0.47		

3.4　热溶物的 ASAP-TOF-MS 分析

图 3-6 为 BSPs 的 ASAP-TOF-MS 分析质谱图。BSP$_{210}$和 BSP$_{240}$中丰度较高的化合物的分子离子峰的质荷比集中于 80～200 和 360～440。质荷比在 80～200 的化合物主要为烷基取代苯和低碳数烷烃,这与 GC-MS 的检测结果相吻合;在 360～440 的质荷比区间,质荷比为 419.31 的分子离子峰丰度很高,而 GC-MS 在此质荷比范围内几乎没检测到化合物,经 AMQA 软件计算,该峰的分子式可能为 $C_{22}H_{38}N_6O_2$ 或者 $C_{26}H_{42}O_4$,这种化合物可能因为沸点较高或极性较大在 GC-MS 分析中无法检测出。

BSP$_{270}$中化合物的质荷比在 80～420 呈连续分布,且主要集中在 80～180 的区间。丰度最高的峰质荷比为 119.08,推测为三甲基苯的去质子化分子离子峰,以其为基峰在两侧分布着质荷比 105.06 和 133.10 的二甲基苯和四甲基苯的分子离子峰;还有一系列以 $m/z=255.20$(十八烷)为基峰的正构烷烃同系物的质谱峰出现。GC-MS 分析只检测出 BSP$_{270}$中存在大量的烷烃类化合物,却没有检测到烷基苯。270 ℃时苯溶剂中的热溶依然是以物理萃取为主,不过依靠其接近超临界状态的性质,更多的镶嵌于褐煤深处的烷烃和芳烃会被溶出。

温度高于 300 ℃时 SL 大分子结构中弱的共价键会发生断裂,推测 BSP$_{300}$和 BSP$_{330}$谱图中丰度最高的 $m/z=121.06$ 的峰归属于二甲基苯酚,同时还可以明显地看到 $m/z=121.06$ 的烷基取代酚类的同系物分布、$m/z=135.08$ 的烷基取代苯

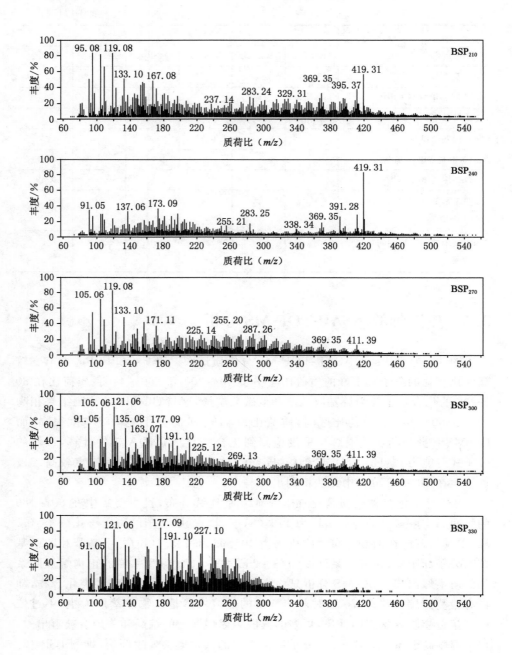

图 3-6　BSPs 的 ASAP-TOF-MS 分析质谱图

的同系物分布和 $m/z = 269.13$ 的直链烷烃同系物分布,而这三类化合物也是 GC-MS 检测出的主要化合物。BSP_{300} 中还发现了少量的二十六烷酸甲酯的分子离子峰,但是由于酚类、烷基取代苯和直链烷烃的相对含量较高,这些酯类在 GC-MS 分析中几乎没有检出。对比 BSP_{300} 和 BSP_{330},温度升高后,质荷比在 170~300 的化合物丰度明显增大,其中包括了丰度很高的以 $m/z = 177.09$ 为基峰呈正态分布的同系物,可能是烷基取代的蒽或者菲,也可能包括 C_{12}—C_{21} 的正构烷烃。

图 3-7 为 MSPs 的 ASAP-TOF-MS 分析质谱图。MSPs 质荷比从 80~420 连续分布。因为经历了 330 ℃ 苯的热溶,在更换甲醇热溶后,在 MSP_{210} 和 MSP_{240} 中检测到了之前残留化合物,还可能包括部分镶嵌较深的游离小分子。MSP_{210} 和 MSP_{240} 的 ASAP-TOF-MS 分析质谱图中出现的 m/z 为 110.06、124.07、138.09 的分子离子峰可能是烷基取代酚,同时检测到代表长链烷酸甲酯的 m/z 为 411.39 的分子离子峰,这些酯类和酚类化合物在 GC-MS 分析中没有完全检测出。甲醇 270 ℃ 以上的热溶物 GC-MS 分析检测到的高相对含量的 2-异丙基-1-甲氧基-4-甲基-苯与 ASAP-TOF-MS 分析质谱图中的具有最高丰度的 $m/z = 163.11$ 的分子离子峰相对应。同样在 270 ℃ 以上的甲醇热溶物中质荷比在 120~180 的化合物以烷基取代酚类、芳烃和醚类为主,质荷比在 200~380 的化合物可能以 C_{15}—C_{25} 的直链烷烃和 C_{11}—C_{23} 的直链烷酸甲酯类化合物为主,其质谱峰丰度也比低温时明显增加,这与褐煤中弱的共价键的断裂和醇解反应以及超临界状态下醇溶剂的渗透和溶解性增强有关。

如图 3-8 所示,ASPs 中化合物的质荷比只集中在 80~300,比 BSPs 和 MSPs 的相对分子质量分布都要窄,而且质谱峰个数减少,说明 ASPs 中化合物种类更加集中,这与 GC-MS 分析结果相吻合。因为丙酮在热溶过程中发生了自身缩合,热溶物中醛酮类化合物的比例非常高,在 5 个丙酮热溶物中都包含了丰度很高的 m/z 为 139.11 的分子离子峰,这个峰为丙酮缩合产物佛尔酮和异佛尔酮的质子化峰。在 ASPs 中也发现有酚类和烷基苯的一系列同系物的峰,不同温度 ASPs 的 ASAP-TOF-MS 分析质谱图差别不大,尤其是 240 ℃ 及以上的 4 组热溶物,这与 GC-MS 分析结果一致。

ASPs 的 ASAP-TOF-MS 分析质谱图中检测到的 m/z 为 179.14、203.14、219.17、243.17 和 277.21 的高丰度分子离子峰在 GC-MS 分析结果中没有找到对应的化合物,经 AMQA 软件计算它们对应化合物的分子式分别为 $C_7H_{18}N_2O_3$、$C_9H_{18}N_2O_3$、$C_{10}H_{22}N_2O_3$、$C_{12}H_{22}N_2O_3$ 和 $C_{13}H_{28}N_2O_4$。这些化合物可能是一些具有相似结构的含氮或含氧化合物,由于 GC-MS 对高沸点和极性较大化合物检测的局限性而没有被检测到,同时也进一步证明了丙酮对含氮化合物的优良溶出效果。

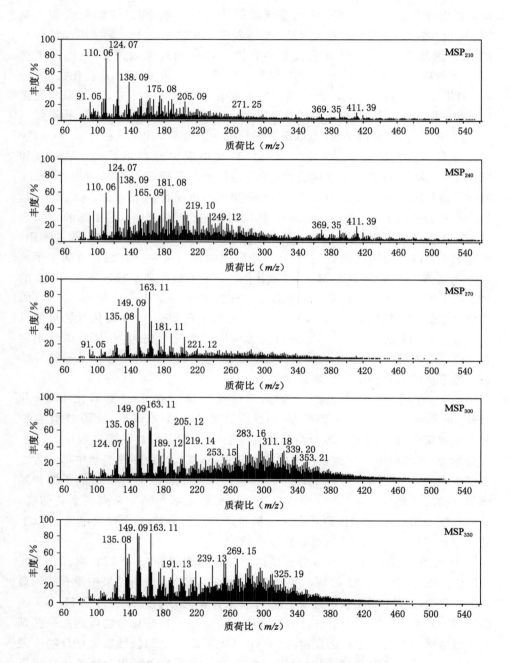

图 3-7 MSPs 的 ASAP-TOF-MS 分析质谱图

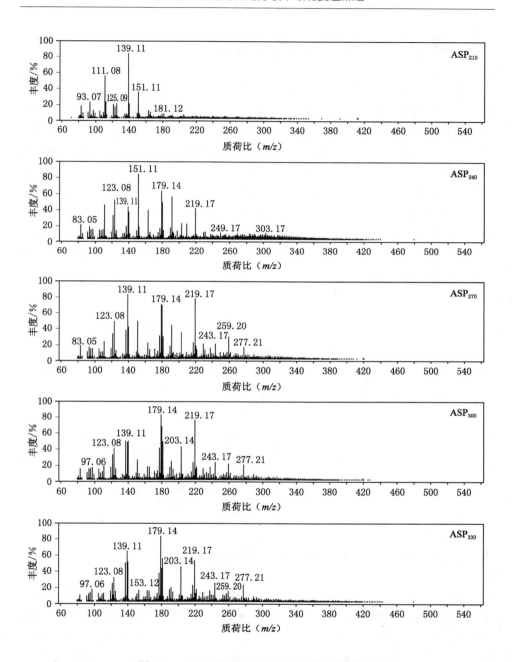

图 3-8　ASPs 的 ASAP-TOF-MS 分析质谱图

3.5 SL、R_{SE}和ISP_{STD}的 FTIR 分析

如图 3-9 所示,SL 的 FTIR 谱图中有归属于缔合羟基的振动峰($3\ 210\ cm^{-1}$),脂肪 C—H 伸缩振动峰($2\ 915\ cm^{-1}$、$2\ 860\ cm^{-1}$、$1\ 435\ cm^{-1}$和$1\ 365\ cm^{-1}$),羰基(醛、酮)和羧基(酸、酯)的 $\nu_{C=O}$ 的伸缩振动峰($1\ 615\ cm^{-1}$),环氧基、醚基和酯基等含氧官能团吸收峰($1\ 170\ cm^{-1}$ 和 $1\ 270\ cm^{-1}$),芳香 C—H 的面外弯曲振动吸收峰($1\ 035\ cm^{-1}$ 和 $798\ cm^{-1}$),—CH_2Br 的伸缩振动峰($534\ cm^{-1}$)和高岭石、硅酸盐等黏土类矿物质的吸收峰($470\ cm^{-1}$)。R_{SE} 的 FTIR 谱图与 SL 的没有明显的差异,这说明萃取过程对 SL 的大分子网络结构影响较小。ISP_{STD} 的 FTIR 谱图中归属于缔合羟基的振动峰($3\ 600\sim3\ 000\ cm^{-1}$)以及环氧基、醚基和酯基等含氧官能团吸收峰($1\ 270\ cm^{-1}$ 和 $1\ 170\ cm^{-1}$)均明显减弱,这与热溶过程中大量酚类等含氧化合物溶出相一致。

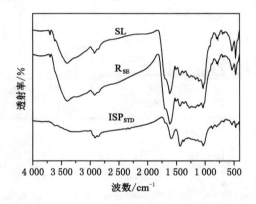

图 3-9 SL、R_{SE}和ISP_{STD}的 FTIR 谱图

3.6 SL、R_{SE}和ISP_{STD}的 TG-DTG 分析

图 3-10 为 SL、R_{SE} 和 ISP_{STD} 的 TG(失重)、DTG(失重速率)曲线。R_{SE} 的最大失重速率和失重峰温(T_p)与 SL 形似,说明萃取过程对 SL 大分子网络结构影响较小,仅萃取出大分子网络中镶嵌的游离的小分子化合物。然而,R_{SE} 在 500 ℃以上的失重率逐渐高于 SL。研究表明,萃取过程对煤的物理结构有明显的膨胀作用,使煤中一些互不连通的孔互相连接,有利于挥发分的逸出[107]。ISP_{STD} 的失重率明显低于 SL,并且 T_p 明显向高温移动,这说明热溶过程中大量的挥发分

溶出和大量活性或热不稳定的有机质分解并溶解出来。550 ℃以后,SL 和 ISP$_{STD}$的失重速率接近,说明热溶过程 SL 中被溶出的化合物主要是 550 ℃以下的热不稳定化合物。

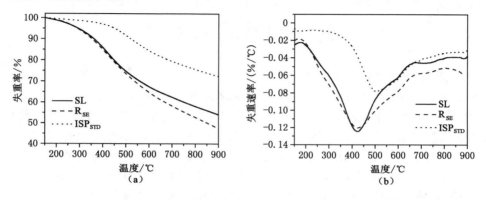

图 3-10　SL、R$_{SE}$和 ISP$_{STD}$的 TG-DTG 曲线

3.7　本章小结

胜利褐煤超声分级萃取的总萃取率仅为 2.86%,这说明其大分子网络结构中游离的小分子化合物较少。苯和甲醇热溶的累积收率接近 20%,苯和甲醇热溶物中主要的化合物分别为烃类和酚类,并且酚类主要为甲基酚和甲氧基酚。虽然丙酮在煤中矿物质的催化作用下发生了明显的自身缩合等反应,但由于其能与胜利褐煤中 ONCs 形成 N—H···O 氢键,表现出对 ONCs 良好的溶解能力。FTIR 分析表明,萃取过程对 SL 大分子结构没有明显的影响,由于大量酚类等含氧化合物的溶出,ISP$_{STD}$的羟基等含氧官能团的吸收峰明显减弱。TG-DTG分析表明,超声萃取虽然收率较低,但对 SL 有明显的物理溶胀作用,导致 R$_{SE}$失重率明显增加;由于大量挥发分在热溶过程中溶出,ISP$_{STD}$的失重率明显低于原煤。

第4章 白音华褐煤在二元溶剂中的连续萃取和热溶

煤分子之间以非共价键连接或煤分子之间相互缠绕,萃取可以破坏其中的部分非共价键,使其中一些固定或镶嵌在煤骨架上的分子溶解在溶剂中,使分子间的连接松动。常温下煤的萃取率往往不高,所以寻找到一种性能良好的溶剂或者一种良好的萃取方式至关重要。迄今为止,研究者已经发现许多萃取率较高的一元、二元甚至三元溶剂,并通过各种分析手段探索萃取机理以获取丰富的结构和组成信息[119-122]。Iino 等[8]首先在煤萃取中引入二元溶剂和三元溶剂,他们最早发现 CS_2-NMP 对烟煤具有很强的萃取能力,其对枣庄煤的萃取率高达 77.9%。Nag 等[123]用 NMP 配合乙二胺萃取印度煤也得到较高萃取率。但是 NMP 的沸点很高,导致在萃取物和萃取残渣中的 NMP 不能很好地回收,从而影响对萃取物和萃取残渣的分析。

本章选择内蒙古白音华(BYH)褐煤为研究煤样,利用低沸点二元混合溶剂萃取和热溶方法将其有机质在温和的条件下溶出,综合利用各种分析方法对原煤、萃取物和热溶物及其残渣的组成和结构特征进行分析,探讨了二元溶剂在褐煤萃取和热溶过程中的协同作用及白音华褐煤可溶有机质的组成和结构特征。

4.1 煤样

白音华褐煤的工业分析和元素分析的结果如表 4-1 所示。

表 4-1 白音华褐煤的工业分析和元素分析　　　　　　　　　单位:%

煤样	工业分析			元素分析				
	M_{ad}	A_d	V_{daf}	C_{daf}	H_{daf}	N_{daf}	S_{daf}	O_{diff}
BYH	35.07	17.01	33.69	69.91	5.06	1.44	1.40	22.19

注:M_{ad}表示空气干燥基水分;A_d表示干燥基灰分;V_{daf}表示干燥无灰基挥发分;diff 表示差减。

4.2　实验方法

4.2.1　萃取实验

图 4-1 为 BYH 依次在 CS_2 和丙酮中的连续萃取流程。30 g 煤样在 150 mL 的 CS_2 中超声萃取 2 h,萃取结束后过滤得到滤饼和滤液,滤液经旋转蒸发仪蒸除大部分溶剂后,用样品瓶回收萃取物,滤饼转移到 250 mL 的烧瓶中,继续加入 150 mL 的溶剂 CS_2 超声萃取,重复上述步骤,直到萃取物经气相色谱检测基本无峰为止,多次萃取所得萃取物合并得到萃取物 E_1 和萃取残渣 R_1。采用同样方法,R_1 在丙酮中萃取得到萃取物 E_2 和萃取残渣 R_2。BYH 在丙酮和 CS_2 中连续萃取得到萃取物 $E_{1'}$ 和 $E_{2'}$。BYH 在等体积的 CS_2-丙酮混合溶剂中萃取得到萃取物 E_{ICA} 和 R_{ICA}。

4.2.2　热溶实验

图 4-2 为 R_{ICA} 依次在甲苯和甲醇中的连续热溶流程。2 g R_{ICA} 在 40 mL 甲苯中 320 ℃热溶得到热溶物 SP_1 和热溶残渣 ISP_1,ISP_1 在 40 mL 甲醇中 320 ℃热溶得到热溶物 SP_2 和热溶残渣 ISP_2。采用同样方法,2 g R_{ICA} 在甲醇和甲苯连续热溶得到热溶物 $SP_{1'}$ 和 $SP_{2'}$。2 g R_{ICA} 在等体积甲苯-甲醇混合溶剂中热溶得到热溶物 SP_{ITM} 和热溶残渣 ISP_{ITM}。

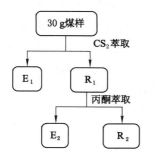

图 4-1　BYH 在 CS_2 和丙酮中的连续萃取

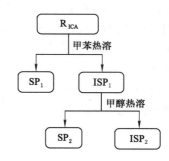

图 4-2　R_{ICA} 在甲苯和甲醇中的连续热溶

4.3　萃取物和热溶物产率

如表 4-2 所示,E_1、E_2、$E_{1'}$ 和 $E_{2'}$ 的产率分别为 0.33%、2.69%、2.69% 和

0.10%，而 E_{ICA} 的产率为 6.10%，混合溶剂中的萃取率明显高于单一溶剂连续萃取率之和，不管单一溶剂连续萃取次序。SP_1、SP_2、$SP_{1'}$ 和 $SP_{2'}$ 的产率分别为 4.08%、13.83%、17.60% 和 1.55%，而 SP_{ITM} 的产率为 30.32%，甲苯和甲醇混合溶剂中的热溶率明显高于单一溶剂连续热溶率之和，不管单一溶剂连续热溶次序。研究表明，即使温度高于 400 ℃，煤在甲苯中热溶物产率仍较低[124,125]。萃取和热溶过程中，两种或两种以上溶剂之间存在的协同效应可以得到比单一溶剂萃取物和热溶物产率之和高的萃取物和热溶物产率。因此，结果表明，CS_2 和丙酮在 BYH 萃取过程及甲苯和甲醇在 R_{ICA} 热溶过程中均存在明显的协同效应。

表 4-2　萃取物和热溶物产率　　　　　　　　　　单位：%

萃取物					热溶物				
E_1	E_2	$E_{1'}$	$E_{2'}$	E_{ICA}	SP_1	SP_2	$SP_{1'}$	$SP_{2'}$	SP_{ITM}
0.33	2.69	2.69	0.10	6.10	4.08	13.83	17.60	1.55	30.32

　　煤中有机质在溶剂中的萃取或热溶主要受两方面因素制约：一方面是溶剂对煤中有机质的溶解能力；另一方面是溶剂对煤交联结构的渗透性。高沸点溶剂如 NMP 的黏度较高，很难进入到煤的大分子交联结构中。Shui 等[14]指出 CS_2 可以打破 NMP 分子间的偶极交联，从而导致 NMP 能够快速地渗入煤大分子网络结构中并破坏煤中非共价键作用力。然而，本研究中低沸点溶剂黏度较低，因此，CS_2-丙酮和甲苯-甲醇二元溶剂在褐煤萃取和热溶中产生协同效应的原因与 CS_2-NMP 不同。CS_2-丙酮对褐煤中不同有机质的溶解性不同，CS_2 可萃取有机质的溶出及 CS_2 对煤大分子网络结构的溶胀作用可能加快丙酮可萃取物的溶出，反之亦然。作为一种亲核和供氢溶剂，甲醇能够进攻和破坏煤中氧桥键和稳定自由基，导致较多的有机质从煤大分子网络结构中溶出[86,126]。氧桥键断裂溶出的有机质由于甲苯的存在更易溶解溶剂中，而不是相互聚合进入热溶残渣中。

4.4　萃取物和热溶物分析

4.4.1　FTIR 分析

　　如图 4-3 所示，CS_2-丙酮混合溶剂萃取物（E_{ICA}）和甲苯-甲醇混合溶剂热溶物（SP_{ITM}）的 FTIR 谱图中均有归属于酚羟基（3 700～3 000 cm^{-1}）、脂肪 C—H

$(2\ 929\ cm^{-1}$、$2\ 865\ cm^{-1}$、$1\ 450\ cm^{-1}$ 和 $1\ 376\ cm^{-1}$)、C=O $(1\ 702\ cm^{-1})$、芳香 C=C $(1\ 600\ cm^{-1})$ 和 C—O$(1\ 330\sim1\ 000\ cm^{-1})$ 等官能团的吸收峰[127,128]。然而,与 E_{ICA} 相比,SP_{ITM} 的 FTIR 谱图中归属于酚羟基的吸收峰较强并向高波数移动,这说明 SP_{ITM} 含有较多的酚类化合物。此外,归属于醚键$(1\ 090\ cm^{-1})$振动的吸收峰仅存在于 SP_{ITM} 的 FTIR 谱图中,这说明 SP_{ITM} 含有较多包含醚键的化合物[107]。SP_{ITM} 的 FTIR 谱图中有较多归属于芳香 C—H 的弯曲振动$(650\sim920\ cm^{-1})$的吸收峰,说明 SP_{ITM} 中的芳烃化合物含有较多类型的烷基支链。

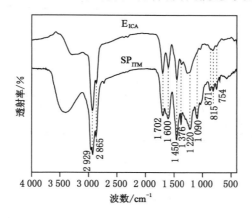

图 4-3　E_{ICA} 和 $SP_{ITM.}$ 的 FTIR 谱图

4.2.2　GC-MS 分析

图 4-4 为 E_{ICA} 和 SP_{ITM} 的总离子流色谱图。表 4-3 为 E_{ICA} 和 SP_{ITM} 中 GC-MS 可检测到的化合物。E_{ICA} 和 SP_{ITM} 中 GC-MS 可检测化合物的组成存在较大差异。E_{ICA} 中的化合物主要为烃类化合物,包括稠环芳烃(54.11%)和烷烃(9.41%),这说明镶嵌于 BYH 大分子网络结构中的游离有机质主要为烃类化合物。在检测到芳烃化合物中,萘和 7-异丙基-1-甲基菲的相对含量均超过 10%。由于其较强的致畸性、致癌性和诱变性,煤燃烧、气化和焦化过程中稠环芳烃的释放受到广泛的关注[129]。研究表明,煤中游离的稠环芳烃在煤转化过程中比与大分子网络结构相连的稠环芳烃更易释放到环境中,因此更易引起环境问题[130,131]。此外,两种有机氮化合物,7-乙基-2,4-二甲基苯并[b][1,8]二氮杂萘-5(10H)-酮和 4′-氰基-[1,1′-联苯]-4-基 4-(4-戊基环己基)苯甲酸的相对含量分别达到 9.06% 和 1.29%,这说明 BYH 游离有机质中含有一定量的有机氮化合物。煤中氮原子是煤燃料利用的污染物前躯体,因此分离和鉴定煤中有机

氮化合物有利于煤的清洁化利用[132]。

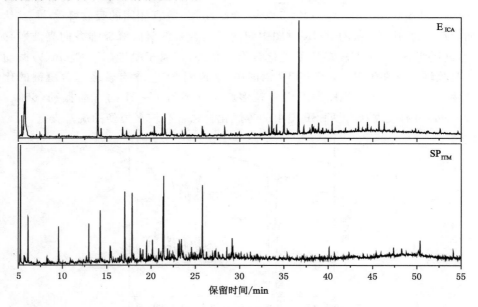

图 4-4　E_{ICA} 和 SP_{ITM} 的总离子流色谱图

表 4-3　E_{ICA} 和 SP_{ITM} 中 GC-MS 可检测到的化合物

化合物	相对含量/%	
	E_{ICA}	SP_{ITM}
2-甲氧基-1-丙醇	n	7.62
(2E,4E)-2,4-己二烯	n	3.27
3,4,5-三甲基环戊-2-烯酮	n	3.64
萘	13.67	n
二甲基萘	n	6.11
奥苷菊环	1.17	n
乙基甲基苯酚	n	1.21
三甲基苯酚	n	14.49
2-乙基-4,5-二甲基苯酚	n	1.26
4-异丙基-3-甲基苯酚	n	4.99
甲基萘	1.71	n
2,6,10,14-四甲基十六烷	1.40	n

表 4-3(续)

化合物	相对含量/%	
	E_{ICA}	SP_{ITM}
3-甲氧基-2,4,6-三甲基苯酚	n	1.80
四甲基苯酚	n	7.15
正十四烷	1.95	n
(4-叔丁基苯基)甲醇	n	1.43
正十五烷	2.32	n
1,2-二氢苊烯	3.84	n
芴	1.46	n
4-异丙基-1,6-二甲基萘	1.34	n
N^1,N^1,N^4,N^4-四甲基苯-1,4-二胺	n	6.11
三甲基萘	n	1.25
菲	1.35	n
1,2-二乙基-3,4,5,6-四甲基苯	n	1.41
7-异丙基-1,1,4a-三甲基-1,2,3,4,4a,9,10,10a-八氢菲	5.83	n
7-丁基-1-己基萘	1.18	n
7-乙基-2,4-二甲基苯并[b][1,8]二氮杂萘-5(10H)-酮	9.06	n
7-异丙基-1-甲基菲	22.56	1.01
正二十三烷	1.24	n
正二十四烷	1.35	n
二十七烷酸甲酯	n	1.39
正二十七烷	1.15	n
(5α)-麦角甾-14-烯	1.07	n
4′-氰基-[1,1′-联苯]-4-基 4-(4-戊基环己基)苯甲酸	1.29	n
总相对含量	74.94	64.14

注:n 表示不在相对含量大于1%的化合物中。

　　与 E_{ICA} 不同,SP_{ITM} 中的主要化合物为含氧有机化合物,包括酚(37.04%)、醇(9.05%)、3,4,5-三甲基环戊-2-烯酮(3.64%)和二十七烷酸甲酯(1.39%)。与其 FTIR 谱图中强的酚羟基吸收峰相一致,酚类化合物是 SP_{ITM} 中相对含量最高的化合物。大部分的酚类化合物为烷基苯酚,这说明 BYH 大分子网络结构中存在大量 $(CH_3)_n$-Ar-OAr 结构单元[93]。2-甲氧基-1-丙醇和 3-甲氧基-2,4,6-三甲基苯酚两种含氧化合物中均含有一个甲氧基。事实上,SP_{ITM} 中许多相对含量低于1％的化合物都含有一个甲氧基,如2-甲氧基-4-甲基酚(0.57％)、2-甲氧基-3甲基酚(0.21％)和2-甲氧基-1,3,5-三甲基苯(0.38％),这与SP_{ITM}的FTIR谱图1 090 cm^{-1}附近有明显的归属于醚键的吸收峰相一致。

4.5 原煤、萃取残渣和热溶残渣分析

4.5.1 FTIR分析

图4-5为BYH、R_{ICA}、ISP_{ITM}的FTIR谱图。可以看出,BYH和R_{ICA}的FTIR谱图表现出相似的官能团,反映出萃取过程对BYH大分子网络结构基本没有影响,也说明萃取物主要来自煤中游离的有机质。然而,ISP_{ITM}的FTIR谱图与BYH和R_{ICA}存在较大差异,尤其是归属于含氧官能团,如酚羟基(3 600～3 000 cm^{-1})、C=O (1 700 cm^{-1})和C—O(1 100 cm^{-1})的吸收峰明显减弱,这说明在甲苯-甲醇混合溶剂热溶过程中,BYH中大量带有含氧官能团的有机质溶出而且BYH大分子网络结构部分破坏。

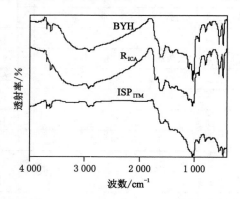

图4-5 BYH、R_{ICA}和ISP_{ITM}的FTIR谱图

4.5.2 XPS分析

XPS是研究煤中元素赋存形态的有效非破坏性方法[133]。如图4-6所示,O 1s谱图可分峰拟合为位于531.4 eV、532.8 eV和534.0 eV的三个峰,分别归属于C=O、C—O/C—O—C和O—C=O官能团;N 1s谱图可分峰拟合为398.8 eV、400.2 eV和401.4 eV的三个峰,分别归属于吡咯氮(N_p)、吡啶氮($N_{p'}$)和季氮(N_q)。

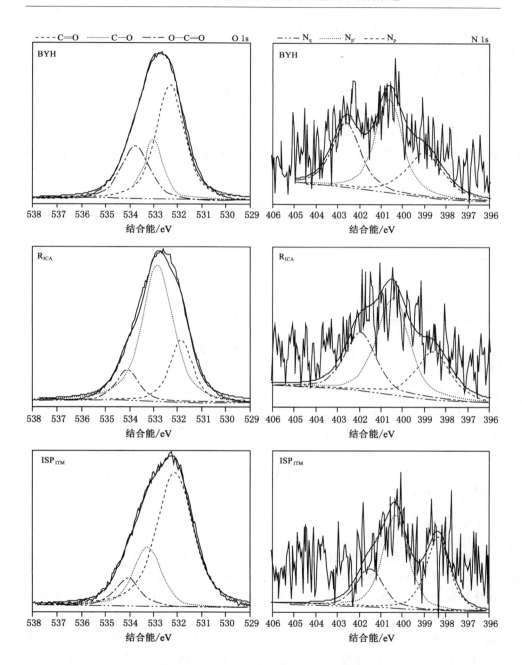

图 4-6　BYH、R_{ICA} 和 ISP_{ITM} 的 XPS 谱图

如表 4-4 所示,由于萃取和热溶过程中酯类化合物的溶出和羧基官能团的分解,O—C=O 的相对含量的次序为 BYH>R_{ICA}>ISP_{ITM}。研究表明,煤中羧基官能团能够分解为醛基,在热溶过程中继而转化为醇,这也是 SP_{ITM} 中存在醇类的一个原因[134]。R_{ICA} 中 C=O 官能团的含量明显低于 BYH,这与 E_{ICA} 中存在较高含量的带有 C=O 基团的化合物一致,如 7-乙基-2,4-二甲基苯并[b][1,8]二氮杂萘-5(10H)-酮(表 4-3)。热溶过程导致 ISP_{ITM} 中的 C—O/C—O—C 官能团相对于 R_{ICA} 中显著减少,这与 SP_{ITM} 中高的酚类化合物含量及 ISP_{ITM} 的 FTIR 谱图较弱的酚羟基吸收峰相一致。

表 4-4 BYH、R_{ICA} 和 ISP_{ITM} 中氧和氮元素形态及相对含量 单位:%

样品	氧形态			氮形态		
	C=O	C—O/C—O—C	O—C=O	N_p	$N_{p'}$	N_q
BYH	54.35	20.75	25.02	38.19	38.59	23.22
R_{ICDA}	22.28	66.68	11.04	48.35	30.48	21.17
ISP_{ITM}	67.74	22.75	9.51	48.07	32.20	19.73

N_p、$N_{p'}$ 和 N_q 在 BYH 中的相对含量分别为 38.19%、38.59% 和 23.22%。与 E_{ICA} 中高的带有 $N_{p'}$ 的化合物如 7-乙基-2,4-二甲基苯并[b][1,8]二氮杂萘-5(10H)-酮相对含量相一致,R_{ICA} 中 $N_{p'}$ 的相对含量低于 BYH。N_q 相对含量次序为 BYH>R_{ICA}>ISP_{ITM}。研究表明,羧基等酸性官能团的分解可能导致热溶过程中 N_q 转化为 $N_{p'}$,因此,ISP_{ITM} 中 N_q 的相对含量略低于 R_{ICA}。由于 $N_{p'}$ 和 N_q 含量减少,R_{ICA} 中 N_p 的相对含量高于 BYH,而 R_{ICA} 和 ISP_{ITM} 中 N_p 含量无明显差异。Geng[134] 等发现 N_p 在褐煤水热残渣中的相对含量随温度变化较小,并且他们提出 N_p 不涉及酸性基团的相互反应。

4.5.3 热重分析

热重分析是获得固体燃料失重率和失重速率随温度变化的有效技术,分析结果一定程度上用来确定固定燃料的热解反应性及组成和物理化学结构[135]。BYH、R_{ICA} 和 ISP_{ITM} 的 TG-DTG 曲线如图 4-7 所示。与预期一致,三个样品失重速率的次序为 BYH>R_{ICA}>ISP_{ITM}。BYH 和 R_{ICA} 在 900 ℃ 的失重率之差为 7.11%,高于 E_{ICA} 的产率,这说明萃取过程主要溶出镶嵌于 BYH 中的大分子网络结构中的游离有机质,这些游离的有机质在热解过程中易于逸出。然而,R_{ICA} 和 ISP_{ITM} 在 900 ℃ 的失重率之差仅为 6.15%,远小于 SP_{ITM} 的产率(30.32%),这说明 SP_{ITM} 中大部分的有机质来自煤大分子网络的断裂,而不是挥发分的逸出。

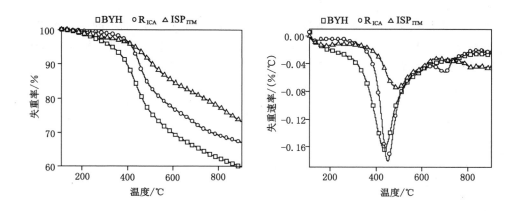

图 4-7 BYH、R_{ICA} 和 ISP_{ITM} 的 TG/DTG 曲线

由于 BYH 中游离有机质的溶出,R_{ICA} 的最大失重速率对应温度(T_p)略高于 BYH,而 R_{ICA} 的最大失重速率略高于 BYH,这可能是由于 CS_2-丙酮混合溶剂对 BYH 大分子网络结构的溶胀作用。煤的溶胀能够破坏弱的非共价键和增加煤中的孔隙,从而引起煤大分子网络结构的松散并减少扩散阻力[9,136]。Shui 等[14]规定原煤 FTIR 谱图中羟基自身缔合氢键振动的吸收峰的高度与芳香 C=C 振动的吸收峰高度的比值为 1.0。与原煤相比,四氢化萘溶胀煤和 NMP 溶胀煤的比值为 0.97 和 0.74。从 FTIR 谱图(图 4-5)可以得到,与 BYH 原煤中羟基自身缔合氢键与芳香 C=C 振动的吸收峰高度比值为 1.0 相比,R_{ICA} 的 FTIR 谱图中羟基自身缔合氢键与芳香 C=C 振动的吸收峰高度比值为 0.78,这说明 BYH 在 CS_2-丙酮混合溶剂中的萃取过程明显降低了羟基自身缔合氢键,导致煤大分子网络结构的松散。此外,R_{ICA} 在 700 ℃处小的失重峰也可能由于 CS_2-丙酮的溶胀作用。ISP_{ITM} 的 T_p 明显高于 R_{ICA} 而最大失重速率明显低于 R_{ICA},这说明热溶过程明显增加了 BYH 大分子网络结构的交联程度[137,138]。

4.6 本章小结

CS_2-丙酮和甲醇-甲苯混合溶剂在白音华褐煤萃取和萃取残渣热溶过程中均表现出明显的协同效应。混合溶剂萃取物 E_{ICA} 和热溶物 SP_{ITM} 中 GC-MS 可检测化合物分别以烃类和含氧化合物为主。FTIR 和 XPS 分析表明在 CS_2-丙酮混合溶剂中的萃取过程对白音华褐煤大分子结构基本没有影响,而在甲醇-甲苯中的热溶过程较大程度地破坏了萃取残渣大分子结构中的氧桥键和含氧官能团。热重分析表明萃取物主要来自镶嵌于煤大分子网络结构游离有机质,而热溶物主要来自煤大分子网络结构的断裂。这些结果表明双溶剂中的连续萃取和热溶有利于从褐煤中分离出可溶有机质,从而进一步地揭示褐煤有机质的结构特征和开发褐煤清洁利用技术。

第 5 章　白音华褐煤可溶有机质在
热解过程中的释放规律

　　褐煤是一种煤化程度介于泥炭与烟煤之间的棕黑色低阶煤,是泥炭经成岩作用形成的腐殖煤,煤化程度最低,呈褐色、黑褐色或黑色,一般暗淡或呈沥青光泽,不具黏结性。褐煤储量丰富,占全世界煤炭储量的 40% 左右,主要分布在美国、俄罗斯、德国、中国和土耳其等国家[139]。我国已经探明的褐煤资源量约为 1 300 亿 t,占我国煤炭资源总量的 13%,而褐煤年产量却不到全国煤炭年总产量的 4.3%[140]。高氧含量、高水含量和低热值限制了褐煤在燃烧、气化和液化中的利用,然而高的挥发分和富含氧桥键有利于在温和条件下从褐煤中直接获取液体燃料或者高附加值化学品的原料[141,142]。褐煤热解提质是其分级转化和洁净利用最有前景的方式之一,近年来得到煤化工工作者的广泛关注[143,144]。深入研究褐煤有机质组成及其在热解过程中的释放规律对开发热解工艺、设计热解反应器和探索热解机理具有重要的意义。此外,热解也是煤燃烧、气化和液化等热转化技术的基础阶段,研究褐煤热解过程对其他加工利用有着直接的指导意义。

　　近年来,褐煤有机质的组成和结构研究主要依赖于分析褐煤及其热解或液化产物[145-148]。分析原煤仅能获取其元素组成或官能团分布信息,而由于热解或液化过程涉及复杂的反应过程,分析这些过程的产物不能反映褐煤原始有机质的组成。煤的两相结构模型认为,煤是由桥键键合的多环芳香团簇构筑的三维交联的大分子网络结构(固定相)及其镶嵌其中的游离小分子化合物(移动相)组成[84]。温和热溶不但能萃取出褐煤中游离的小分子化合物,还能破坏大分子网络结构中的弱桥键,从而获取能够反映褐煤原始有机质组成和结构特征的可溶组分[149,150]。

　　本章先利用固定床反应器考察了白音华褐煤(BYH)的热解特性并得到不同温度条件下的热解半焦,再利用热溶方法将原煤及热解半焦中可溶有机质在温和的条件下溶出,综合利用各种分析方法对焦油、原煤和半焦热溶物的组成和结构特征进行 GC-MS 分析,从分子水平上认识白音华褐煤可溶有机质组成和结构特征及其在热解过程中可溶有机质的释放规律。

5.1 白音华褐煤的热解特性

5.1.1 实验方法

固定床热解反应装置示意图如图 5-1 所示。将 5 g 煤样放入热解反应器中,通入载气并调节至一定的流量后,用载气冲洗反应系统 2 min,放下已升至设定温度的加热炉使反应器正好处于炉体的中央,使煤受热均匀。反应器由室温升至反应温度大约需要 10 min。在反应温度停留 30 min 后,将加热炉迅速提升至完全脱离热解反应器使之自然冷却至室温。由热解反应器出来的热解产物经约−20 ℃的冷阱使液体产物得到冷却,气体产物的量用湿式流量计计量。固体半焦和液体产品的质量用反应前后反应管以及冷阱的质量差减得到。用ASTM D95-05[e1](2005)法分离液体产品中的焦油和水。多次实验表明,实验重复性较好,能满足实验需要。为叙述方便,不同热解温度得到的焦油和半焦命名为 $Tar_{温度}$ 和 $Char_{温度}$。

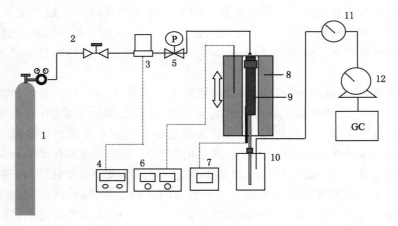

1—气瓶;2—阀;3—流量计;4—流量指示器;5—背压阀;6—温控仪;7—温度指示仪;
8—加热炉;9—热解反应器;10—冷阱;11—减压阀;12—湿式流量计。

图 5-1 固定床热解反应装置示意图

产物收率、转化率和脱硫率由以下公式计算得到:

$$Y_{char} = \frac{W_{char} - W_0 \times A}{W_0 \times (1 - A - M)} \times 100\%$$

$$Y_{\text{tar}} = \frac{W_{\text{tar}}}{W_0 \times (1 - A - M)} \times 100\%$$

$$Y_{\text{water}} = \frac{W_{\text{water}}}{W_0 \times (1 - A - M)} \times 100\%$$

$$Y_{\text{gas}} = 1 - Y_{\text{char}} - Y_{\text{tar}} - Y_{\text{water}}$$

$$转化率 = 100 - Y_{\text{char}}$$

式中，W_{char} 为半焦质量；W_0 为煤样质量；W_{tar} 为焦油质量；W_{water} 为热解水的质量；Y_{char} 为半焦产率；Y_{tar} 为焦油产率；Y_{water} 为水产率；Y_{gas} 为气体产率；A,M 分别为原煤中灰分和水分含量（收到基）。

5.1.2　热解产物分布

图 5-2 为白音华褐煤的固定床热解产物分布图。热解温度从 300 ℃增至 700 ℃，热解半焦产率从 76.67％降至 56.18％，这归因于大量有机质的逸出或煤大分子网络结构的分解。焦油产率随温度增加先增大后减少，600 ℃时产率最高。热解水产率随热解温度升高而增加，但 600 ℃时略小于 500 ℃。热解水主要来自煤中含氧官能团的分解以及热解含氧自由基的聚合[151]。煤热解过程中脂肪碳氢键（H—C_{al}）和芳香碳氢键（H—C_{ar}）的断裂形成氢自由基[152]。Murakami 等[153]指出低温时 H—C_{al} 键的断裂主要是由于煤大分子结构的分解和环烷烃脱氢反应，而高温时 H—C_{ar} 键的断裂主要归因于芳环结构的缩聚。热解温度高于 500 ℃时，大量氢自由基产生。一方面，这些氢自由基之间的结合产生大量的 H_2；另一方面，含氧的自由基被氢自由基稳定形成焦油而不是相互聚合产生半焦和水。然而，温度达到 700 ℃时含氧自由基之间的聚合加剧导致热解水产率增加。

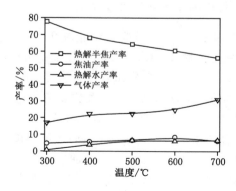

图 5-2　白音华褐煤的固定床热解产物分布图

气体产率随热解温度升高而增加,并且气体产率明显高于焦油产率,这说明白音华褐煤在热解过程中较多的有机质分解为气体。如图 5-3(a)所示,H_2 和 CH_4 产率均随热解温度升高而增加,气体产量逐渐增加。热解气体中 CO_2 低温阶段主要来自煤分子结构中羧基和羰基官能团的分解,而高温阶段来自醌基和氧杂环的解离;CO 低温阶段来自烷基和芳基醚键的断裂,而高温阶段来自羟基官能团的分解[154,155]。CO_2 和 CO 在低于 600 ℃时产率随温度升高而增加,温度再升高略有降低,这说明 600 ℃时大部分的羧基和醚键已经分解。如图 5-3(b)所示,C_2 和 C_3 烃类产率随温度升高而增加,但产率远低于 CH_4 的产率,这说明褐煤大分子脂肪侧链热解过程中倾向于断裂形成小分子碳氢化合物[156]。

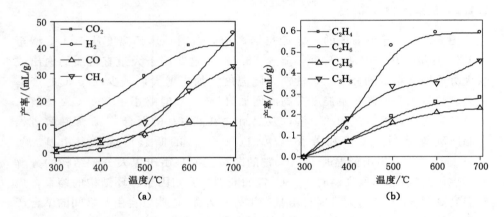

图 5-3　热解气体产物分布

5.1.3　焦油 GC-MS 可检测化合物族组分分布

如图 5-4 所示,焦油中 GC-MS 可检测化合物可分为烷烃、烯烃、芳烃、酚类、酮类、呋喃类和有机氮化合物(ONCs)。300 ℃焦油中可检测到的化合物种类较少,400 ℃以上焦油可检测化合物组分相似。随热解温度的升高,脂肪烃和芳烃相对含量降低,而酚类的含量逐渐增加。酚类主要为多甲基取代苯酚和苯酚,热解生成的长链烷基酚在热解过程中可能脱去烷基生成苯酚或甲基取代苯酚。300 ℃焦油中酮类化合物相对含量大于 11%,而热解温度高于 300 ℃时焦油中酮类化合物含量低于 3.5%,这说明 300 ℃焦油中酮类化合物主要来自镶嵌于煤大分子网络结构中游离酮类的逸出,而这些酮类化合物在高温热解时容易分解。

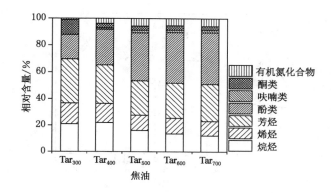

图 5-4　焦油中化合物族组分分布图

5.2　原煤及其热解半焦的热溶解聚

5.2.1　实验方法

2 g 样品(白音华褐煤或半焦)和 40 mL 甲醇加入 100 mL 的高压反应釜中。将反应釜密封,通入 3 次 2 MPa 的 N_2 置换体系内空气,第 3 次保留 0.2 MPa 的 N_2 作为初始压力。开启控制面板,使釜内温度程序升温至 300 ℃,并保持 1 h。反应结束后将反应釜迅速用冷水冷却至常温,开启反应釜,转移反应混合物到抽滤装置中,并用甲醇反复洗涤,滤液经旋转蒸发仪浓缩后自然晾干得到热溶物。为叙述方便,原煤的热溶物用 SP_{BYH} 表示,热解半焦的热溶物用 $SP_{温度}$ 表示。

5.2.2　热溶物产率

图 5-5 为原煤及其半焦在甲醇中的热溶物产率。可以看出,原煤的热溶物产率高于各温度热解半焦热溶物产率,而热解半焦热溶物产率随所得半焦温度升高而减小,特别是热解温度低于 500 ℃时,这说明热解过程中大部分的可溶有机质在低于 500 ℃释放。原煤和 300 ℃热解半焦的热溶物产率差值为 2.83%,这明显低于 300 ℃热解焦油和气体的产率之和,这可能是由于低温热解对煤大分子网络结构具有活化作用,煤中有机质可溶性增加。

5.2.3　原煤和热解半焦热溶物中化合物族组分分布

图 5-6 为原煤及其半焦热溶物中化合物族组分分布图。可以看出,热溶物

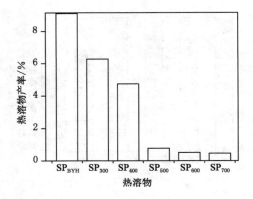

图 5-5　原煤及其半焦在甲醇中的热溶物产率

中化合物可分为烷烃、烯烃、芳烃、酚类、酯类、醚类、酮类、有机氮化合物和有机硫化合物。当热解温度高于 300 ℃时,半焦的热溶物中未检测到烷烃和烯烃,这与 300 ℃和 400 ℃热解焦油中高的烷烃和烯烃含量一致,这说明白音华褐煤中大部分的可溶烷烃和烯烃在 400 ℃以下释放。热解半焦可溶芳烃相对含量随热解温度升高而增加,除了由于 SP$_{500}$ 含有较高的酚类和酯类化合物导致其可溶芳烃相对含量略低于 SP$_{400}$。当热解温度低于 500 ℃时,半焦热溶物中酚类化合物的相对含量随热解温度升高而增加,但热解温度高于 500 ℃时,半焦热溶物中酚类化合物的相对含量随热解温度升高迅速降低。褐煤中的芳醚键可能在低温热解过程中活化,从而导致半焦热溶过程中更多的芳醚键断裂形成酚类化合物[157]。

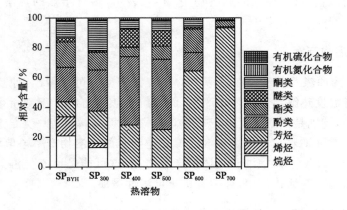

图 5-6　原煤及其半焦热溶物中化合物族组分分布图

5.3　热解过程中可溶有机质的释放规律

　　表 5-1 为原煤及其热解半焦热溶物中检测到的烷烃和烯烃化合物。可以看出,原煤中可溶出一系列的长链正构烷烃和正构烯烃。表 5-2 和表 5-3 分别为热解焦油中检测到的烷烃和烯烃化合物。原煤热溶物与焦油可检测到的烷烃和烯烃组成类似,这表明白音华褐煤中可溶的脂肪碳氢化合物在热解过程中直接逸出或转移到焦油中。这些长链的烷烃和烯烃可能通过非共价键,如氢键、电荷转移作用力和 π-π 相互作用力,缠绕在白音华褐煤大分子芳香核周围,因此它们容易在低温热解过程中逸出[158]。此外,较高热解温度时一部分长链烷烃和烯烃容易通过断裂小分子碳氢化合物转化为其他长链烷烃和烯烃。因此,较高温度热解焦油中烷烃和烯烃的种类比原煤热溶物中多。

表 5-1　原煤及其热解半焦热溶物中检测到的烷烃和烯烃化合物

烷　　烃	相对含量/%		烯　　烃	相对含量/%	
	SP_{BYH}	SP_{300}		SP_{BYH}	SP_{300}
正十四烷	0.10		六甲基环己-1,3-二烯	0.28	
正十五烷	0.35		1-十六碳烯	0.18	
正十六烷	0.66	1.35	(E)-7-甲基-6-十三碳烯	1.15	1.58
2,6,10-三甲基十五烷	0.45		(E)-5-十八碳烯	0.42	
正十七烷	0.74	1.76	1-十九碳烯	0.85	
正十八烷	0.97	1.05	(E)-二十碳烯	0.85	
正十九烷	1.26	1.48	1-二十碳烯	0.36	
正二十烷	1.29	1.27	1-二十一碳烯	2.35	
正二十一烷	1.57		1-二十二碳烯	0.84	1.15
正十七烷基环己烷	1.09		(Z)-9-二十三碳烯	0.96	
正二十二烷	3.17	4.40	1-二十四碳烯	1.58	0.20
正二十三烷	0.91	0.93	1-二十五碳烯	1.28	
正二十四烷	2.18	0.72	1-二十六碳烯	0.98	
正二十五烷	2.18		1-二十七碳烯	0.75	
正二十六烷	1.48				
9-丁基二十二烷	1.35				
正二十七烷	1.26				

表 5-2　热解焦油中检测到的烷烃化合物

烷　烃	相对含量/%				
	Tar_{300}	Tar_{400}	Tar_{500}	Tar_{600}	Tar_{700}
正十一烷		0.44	0.39	0.11	0.08
正十二烷		0.62	0.56	0.24	0.21
2,6-二甲基十一烷		0.40	0.27	0.15	0.09
正十三烷		0.70	0.62	0.55	0.38
正十四烷	0.63	0.94	0.73	0.59	0.51
2,6,10-三甲基十二烷	1.91	1.67	0.52	0.44	0.41
正十五烷		1.05	0.83	0.72	0.66
正十六烷	0.84	1.02	0.83	0.72	0.72
2,6-二甲基十二烷		0.44	0.32	0.29	0.28
正十七烷	0.97	0.98	0.81	0.71	0.66
甲基环己烷	6.55	3.48	1.86	1.80	1.70
正十八烷	1.14	1.09	0.84	0.74	0.66
正十九烷	1.49	1.41	1.01	0.90	0.83
正二十烷	0.85	0.95	0.75	0.78	0.73
正二十一烷	1.43	0.99	0.80	0.76	0.75
正二十二烷	1.30	0.79	0.62	0.52	0.48
正二十三烷	1.98	0.92	0.69	0.60	0.50
正二十四烷	1.90	0.81	0.61	0.54	0.45
正二十五烷		0.78	0.84	0.76	0.71
正二十六烷	0.78	0.62	0.39	0.33	
正二十七烷	0.55	0.42	0.39	0.33	
正二十八烷	0.59	0.56	0.55	0.26	
正二十九烷	0.58	0.58	0.44	0.51	

表 5-3　热解焦油中检测到的烯烃化合物

烯　烃	相对含量/%				
	Tar_{300}	Tar_{400}	Tar_{500}	Tar_{600}	Tar_{700}
3-十二碳烯		0.14	0.21	0.16	0.13
1-十五碳烯		0.54	0.51	0.57	0.63
1-十六碳烯		0.53	0.51	0.49	0.62

表 5-3(续)

烯烃	相对含量/%				
	Tar$_{300}$	Tar$_{400}$	Tar$_{500}$	Tar$_{600}$	Tar$_{700}$
8-十七碳烯		0.67	0.61	0.74	0.65
7-甲基-6-十三碳烯	9.85	5.54	3.54	3.70	3.19
5-十八碳烯		0.69	0.69	0.72	0.69
1-十九碳烯		0.92	0.66	0.69	0.68
3-二十碳烯		0.48	0.44	0.48	0.46
1-二十一碳烯	5.84	1.01	0.75	0.87	0.76
1-二十二碳烯		0.52	0.53	0.50	0.51
9-二十三碳烯		0.93	0.65	0.62	0.59
1-二十四碳烯		0.65	0.49	0.45	0.39
4-甲基-9-十八碳烯		0.69	0.45	0.32	0.30
12-二十五碳烯		0.61	0.73	0.60	0.50
5-二十六碳烯		0.56	0.47	0.40	0.39
1-二十七碳烯			0.38	0.41	0.37

原煤热溶物中仅检测到 2 种支链烷烃(2,6,10-三甲基十五烷和 9-丁基二十二烷)和 1 种带长烷基侧链的环烷烃(正十七烷基环己烷),然而它们在 SP$_{300}$ 中没有检测到。同时,Tar$_{300}$ 中检测到 2,6,10-三甲基十二烷,并且它在焦油中的相对含量随热解温度升高而降低。此外,焦油中的甲基环己烷、2,6-二甲基十一烷和 2,6-二甲基十二烷可能来自煤中可溶的正十七烷基环己烷和 9-丁基二十二烷的分解,这意味着在热解过程中,甚至 300 ℃时白音华褐煤可溶的支链烷烃和环烷烃很容易地分解为其他烷烃和环烷烃。

表 5-4 为原煤及其热解半焦热溶物中检测到的芳烃化合物。可以看出,SP$_{BYH}$ 共检测到 16 种芳烃,然而部分芳烃如 1,1,2,3,3-五甲基茚满、4-异丙基-1,6-二甲基萘和 7-异丙基-1 甲基菲随热解温度增加在热解半焦热溶物中快速消失。与此相对应,这些芳烃在 300 ℃热解焦油中具有较高的相对含量(表 5-5)。上述结果说明白音华褐煤中大量的可溶芳烃在低温热解过程中即可逸出。煤大分子芳香环之间含脂肪碳的桥键如 C_{al}—C_{al}、C_{al}—O 和 C_{al}—S 在低温热解时即可解离导致芳香烷基自由基形成,接着形成芳烃[159,160]。含有两个芳香环的芳烃,尤其是甲基萘在热溶物和焦油中均占有较大比例,这说明白音华褐煤有机质中富含由弱桥键相连的双环芳香化合物。

表 5-4　原煤及其热解半焦热溶物中检测到的芳烃化合物

芳　烃	相对含量/%					
	SP$_{BYH}$	SP$_{300}$	SP$_{400}$	SP$_{500}$	SP$_{600}$	SP$_{700}$
萘			0.35	0.29	0.28	0.39
四甲基苯						0.18
对异丙基甲苯						0.14
1-异丙基-2,3-二甲苯		0.56	0.17			
甲基萘	3.89	11.40	23.90	21.63	56.82	91.65
1-异丙基-2,4,5-三甲苯				0.30		
1,2,3-三甲基茚	0.11					
二甲基萘	0.42	1.22	0.64	0.52	0.88	
六甲基苯	0.39	1.32	1.28	0.96	3.21	0.77
1,1,2,3,3-五甲基茚满	0.40					
三甲基萘	0.87	1.95	0.66	0.33		
1,1,4,7-四甲基茚满	0.19					
乙基五甲基苯	0.37					
4,4'-联甲苯	0.39	0.38	0.46	0.32	0.34	
4-异丙基-1,6-二甲基萘	0.59	1.64				
1,4,5,8-四甲基萘	0.28	1.15				
联苯			0.87	0.87	2.81	
5,6,7,8-四甲基萘满	0.19	0.76				
1,3,5-异丙基苯	0.38					
3,6-二甲基菲	0.18					
2,6-二异丙基萘	0.45					
7-异丙基-1-甲基菲	0.75	1.40				

表 5-5　热解焦油中检测到的芳烃化合物

芳　烃	相对含量/%				
	Tar$_{300}$	Tar$_{400}$	Tar$_{500}$	Tar$_{600}$	Tar$_{700}$
邻二甲苯		0.14	0.17	0.03	0.04
1-乙基-2-甲苯		0.82	0.53	0.13	0.22
对异丙基甲苯		0.08	0.07	0.04	0.05
三甲基苯		1.38	1.08	0.33	0.28

表 5-5(续)

芳　烃	相对含量/%				
	Tar_{300}	Tar_{400}	Tar_{500}	Tar_{600}	Tar_{700}
1-乙基-2,3-二甲苯		0.94	0.89	0.39	0.38
四甲基苯		0.14	0.15	0.09	0.08
1,2-二氢萘		0.82	0.61	0.47	0.46
1,2-二甲基丙基苯		0.30	0.15	0.06	0.04
萘		0.70	1.50	2.51	3.11
1-异丙基-2,4,5-三甲基苯		0.33	0.22	0.16	0.13
二甲基茚		0.65	0.67	0.62	0.77
甲基萘		1.98	2.53	2.70	2.69
5,6,7,8-四甲基萘满	0.62	1.04	0.76	0.86	0.77
联苯		0.97	0.89	1.21	1.34
二甲基萘	1.47	3.53	3.37	2.96	3.14
1,1,2,3,3-五甲基茚满	9.52	2.26	1.95	2.40	2.46
三甲基萘	3.79	3.27	2.15	2.80	2.91
7-异丙基-1-甲基萘	0.89	0.75	0.40	0.37	0.37
芴	1.20	0.76	0.79	0.84	0.90
二甲基联苯		0.31	0.26	0.26	0.24
癸基苯		0.22	0.14	0.13	0.14
4-异丙基-1,6-二甲基萘	5.49	1.63	1.05	1.12	1.00
甲基芴			0.17	0.20	0.24
四甲基萘	1.22	0.74	0.52	0.49	0.48
菲		0.25	0.40	0.67	0.80
蒽		0.36	0.37	0.40	0.40
甲基蒽		0.50	0.59	0.59	0.63
甲基菲		0.46	0.70	0.66	0.91
二甲基菲		0.68	0.57	0.55	0.55
荧蒽			0.13	0.39	0.19
三甲基菲		0.75	0.55	0.55	0.66
7-异丙基-1-甲基菲	6.14	1.34	1.04	1.16	1.22
8-异丙基-1,3-二甲基菲	2.56	0.37	0.41	0.32	0.37
十九烷基苯		0.25	0.20	0.12	0.16

从表 5-4 和表 5-5 比较可以看出，较高温度热解焦油中芳烃的种类明显多于原煤热溶物，这可能归因于三个原因。① 高温热解时白音华褐煤可溶的芳烃发生裂解反应。比如，萘的同系物裂解为萘和小分子碳氢化合物，导致焦油中萘的相对含量随热解温度的升高而增加。② 由于较高温度热解时强的桥键解离，一些新的芳烃释放出或沉积在半焦中[161]。因此，高温焦油中检测到大量苯的同系物，并且高温热解半焦中有一些新的可溶芳烃。③ 一些可溶芳烃在热解释放过程中缩聚为多环芳烃（PAHs）导致焦油中 3～4 环的芳烃相对含量随热解温度升高而增加。

如表 5-6 和表 5-7 所示，SP_{BYH} 中检测到一系列的酚类化合物，而 Tar_{300} 中仅检测到 3 种。褐煤 300 ℃热解产生的酚类化合物可能来归属于煤大分子网络中镶嵌的游离酚类化合物。先前的研究表明，煤热解过程中释放的酚类化合物主要源于芳醚键的断裂而不是煤中游离酚类的逸出[162,163]。煤中醚键随热解温度升高逐渐解离，从而导致焦油中酚类化合物相对含量随温度升高而增加。由于高温热解时挥发分释放速度快，烷基酚中的部分烷基侧链在热解过程中得以保留。作为亲核试剂，甲醇能够进攻原煤及其热解半焦中的芳醚键导致热溶过程中可溶酚类化合物的形成[44]。煤中的芳醚键可能在热解过程中被活化，因此可溶酚类化合物相对含量在热解温度低于 500 ℃的热解半焦中随热解温度升高而增加。SP_{700} 中仅仅检测到少量酚类化合物，这说明白音华褐煤中大部分的芳醚桥键在 700 ℃以下已经断裂。

表 5-6　原煤及其热解半焦热溶物中检测到的酚类化合物

酚　　类	相对含量/%					
	SP_{BYH}	SP_{300}	SP_{400}	SP_{500}	SP_{600}	SP_{700}
苯酚	0.13	0.15	0.17	0.29		
邻甲基苯酚	0.66	0.40	1.87	2.57	0.98	
乙基苯酚				0.23		
二甲基苯酚	3.93	2.79	9.11	9.96	3.96	0.27
三甲基苯酚	5.35	7.15	12.65	12.65	3.94	0.47
百里香酚	2.21	1.40	1.70	1.37	0.59	
2-甲基-6-丙基苯酚	0.14					
四甲基苯酚	5.78	12.34	11.14	10.51	1.93	
2-乙基-4,5-二甲基苯酚	1.78			1.23		
2,6-二异丙基苯酚	0.90	1.36	1.38	0.70		

表 5-6(续)

酚　类	相对含量/%					
	SP_{BYH}	SP_{300}	SP_{400}	SP_{500}	SP_{600}	SP_{700}
5-甲氧基-2,3,4-三甲基苯酚	1.43	1.28	6.65	5.69	0.93	
2-甲基-1-萘酚				0.28		
6,7-二甲基-1-萘酚	0.40	0.50	0.92	0.66		
2,5,8-三甲基-1-萘酚	0.47					
2,3,5,6-四甲基对二苯酚				0.85		

表 5-7　热解焦油中检测到的酚类化合物

酚　类	相对含量/%				
	Tar_{300}	Tar_{400}	Tar_{500}	Tar_{600}	Tar_{700}
苯酚	11.66	7.29	11.74	12.78	13.56
邻甲苯酚	2.43	8.91	12.68	13.39	13.62
二甲基苯酚		2.68	2.90	3.15	3.08
乙基苯酚		4.30	5.07	4.68	4.47
2-异丙基苯酚		0.34	0.24	0.24	0.28
乙基甲基苯酚		1.25	1.12	1.14	1.08
三甲基苯酚			0.22	0.20	0.25
2,3-二氢-1H-5-茚酚		0.21	0.16	0.20	0.19
2-萘酚		0.27	0.52	0.57	0.50
2-甲基-1-萘酚		0.48	0.46	0.51	0.55
9H-9-芴酚		0.18	0.16	0.18	0.17
2-异丙基-1,1,2-三甲基-1,2,3,4,4a,4b,5,6-八氢-3-菲酚	4.18	0.62	0.30	0.45	0.53

　　从表 5-8 可看出,白音华褐煤及其热解半焦热溶物中检测到一些醚类化合物,而在焦油中未检测到,这直接证明了褐煤大分子网络结构中存在丰富的 $RCH_2OArOCH_3$(R和 Ar 表示烷基侧链和芳环)结构单元。这些 $RCH_2OArOCH_3$ 结构单元在热解过程中逐渐分解为烷基酚、甲氧基酚、脂肪烃和 CO。此外,热溶物中还检测到少量萘酚,尤其是 6,7-二甲基-1-萘酚。相应地,由于煤中可溶萘酚烷基侧链的断裂,在 400 ℃ 以上热解焦油中检测到 2-萘酚和 2-甲基-1-萘酚。

表 5-8   原煤及其热解半焦热溶物中检测到的醚类化合物

醚　　类	相对含量/%					
	SP_BYH	SP_300	SP_400	SP_500	SP_600	SP_700
2,4-二甲基呋喃				0.35	0.52	
2-甲氧基-1,3,4-三甲基苯				0.15		
1-仲丁基-4-苯甲醚	0.26					
5-丙基苯并[d][1,3]间二氧杂环戊烯	0.14					
2-异丙基-1-甲氧基-4-甲苯	0.66	1.07	10.50	8.95	0.73	
1,4-二甲氧基-2-甲苯	1.29					
1-(丁-3-烯-2-基)-4-乙氧基苯	0.47		0.79	0.69		
1,4-二甲氧基-2,3-二甲苯			0.98	0.67		
1-(乙烯氧基)癸烷	0.14					

表 5-9 为原煤及其热解半焦热溶物中检测到的酮类化合物。可以看出,热溶物中检测到 4 种酮类化合物含有苯乙酮结构单元,尤其是 1-(2-羟基-4,5-二甲苯基)乙酮在 SP_{BYH} 和 SP_{300} 中的相对含量分别达到 6.22% 和 13.21%。然而,焦油中仅检测到 1-(2-羟基-4,5-二甲苯基)乙酮这 1 种含苯乙酮结构单元的酮类化合物,并且其相对含量随热解温度升高迅速降低(表 5-10),这说明白音华褐煤有机质中存在大量含苯乙酮结构单元的可溶酮类化合物,但这些酮类在高于400 ℃热解时容易分解为酚类和 CO。

原煤热溶物中三甲基环戊-2-烯酮、四甲基环戊-2-烯酮和 2,6-二甲基环己酮的相对含量高于 1%,这说明白音华褐煤有机质中含有一定数量的环戊-2-烯酮和环己酮结构单元。因此,400 ℃以上热解焦油中的二甲基环戊-2-烯酮和环己酮来源于煤中含有环戊-2-烯酮和环己酮结构单元有机质的释放。SP_{600} 中仍检测到少量的三甲基环戊-2-烯酮、四甲基环戊-2-烯酮和 2-甲基环戊-2-烯酮,这说明白音华褐煤中环戊-2-烯酮结构单元热稳定性较好。SP_{400} 和 SP_{500} 中检测到的2,5-二甲基环戊酮可能是由于环戊-2-烯酮热解过程中加氢所致。SP_{300} 和 SP_{400}中 2,6-二甲基环己酮的相对含量与 SP_{BYH} 中接近,这说明煤有机质中 2,6-二甲基环己酮在 400 ℃以下热解过程中较稳定,但 500 ℃以上热解烷基侧链断裂完全转化为环己酮。300 ℃以上热解焦油中的 1-茚酮可能来源于白音华褐煤中可溶 3,3,5,7-四甲基-1-茚酮的释放。值得注意的是 3,3,5,7-四甲基-1-茚酮在 SP_{BYH}中未检测出却在 SP_{300} 中检测出,这可能是由于 300 ℃热解过程对白音华褐煤大分子网络结构具有活化作用,导致 $Char_{300}$ 中 3,3,5,7-四甲基-1-茚酮溶出。

表 5-9　原煤及其热解半焦热溶物中检测到的酮类化合物

酮　类	相对含量/%					
	SP$_{BYH}$	SP$_{300}$	SP$_{400}$	SP$_{500}$	SP$_{600}$	SP$_{700}$
2,5-二甲基环戊酮			0.73	0.77		
2-甲基环戊-2-烯酮			0.54	0.41	0.65	
3-甲基二氢呋喃-2(3H)-酮	0.10					
6-甲氧基-2-甲基己烷-3-酮				0.23	0.87	
4,5-二甲基环己-2-烯酮				0.16	0.39	
三甲基环戊-2-烯酮	1.55	2.33	1.57	1.53	1.74	0.38
四甲基环戊-2-烯酮	1.49	0.83	0.92	1.25	0.73	
1-(4,5-二甲苯基)乙酮				0.35	0.39	0.26
1-(4,5-二羟基-2,3-二甲苯基)乙酮				0.93		
1-(5-羟基-2,3-二甲苯基)丙-2-酮		1.00		0.36		
3,3,5,7-四甲基-1-茚酮		1.26				
1-(2-羟基-4,5-二甲苯基)乙酮	6.22	13.21				
1-(3-甲氧基苯基)丙-1-酮			0.25	0.30		
4,5,6,7-四甲基异苯并呋喃酮	0.27					
2,6-二甲基环己酮	1.36	1.42	1.47			

表 5-10　热解焦油中检测到的酮类化合物

酮　类	相对含量/%				
	Tar$_{300}$	Tar$_{400}$	Tar$_{500}$	Tar$_{600}$	Tar$_{700}$
环己酮			0.17	0.10	0.10
二甲基环戊-2-烯酮		0.51	0.49	0.37	0.31
4-苯丁基-3-烯-2-酮		0.20	0.22	0.22	0.21
1-茚酮		0.97	0.97	0.98	0.95
1-(2-羟基-4,5-二甲苯基)乙酮	11.06	0.57	0.42	0.64	0.59
十一烷-2-酮		0.43	0.36	0.37	0.30
3-(2-羟基丙-2-基)-2,2,3-三甲基-3,4,4a,4b,5,10a-六氢菲-1(2H)-酮		0.79	0.57	0.62	0.50

从表 5-11 可以看出,热溶物中检测到一系列的长链脂肪酸甲酯和甲基苯甲酸甲酯,并且热解半焦热溶物中酯类化合物的种类随热解温度升高而减少。虽然褐煤中富含羧基和酯基官能团,但热解焦油中没有检测到羧酸和酯类化合物。白音华褐煤在甲醇中热溶时,羧酸容易通过与甲醇发生酯化反应形成羧酸甲酯,并且作为亲核试剂甲醇在热溶过程中也能进攻褐煤中酯基中的氧原子形成羧酸甲酯溶出[44]。与长链的脂肪烃类似,长链脂肪酸也可能是以非共价键缠绕在褐煤芳香核周围,因此它们容易溶出并且在热解过程中容易分解为烷烃或烯烃以及 CO_2[152]。较多可溶的苯甲酸甲酯含有甲氧基和酚羟基官能团,这说明白音华褐煤中大量苯羧酸结构单元通过氧桥键与芳香核相连。部分可溶的酯类化合物尤其是苯甲酸甲酯仍保留在热解半焦甚至 $Char_{700}$ 中,这说明煤中这些酯基官能团热稳定性较高。因此,原煤及其热解半焦热溶物中的苯甲酸甲酯类化合物主要来自白音华煤中可溶的含酯基官能团有机质。

表 5-11　原煤及其热解半焦热溶物中检测到的酯类化合物

酯　　类	相对含量/%					
	SP_{BYH}	SP_{300}	SP_{400}	SP_{500}	SP_{600}	SP_{700}
琥珀酸二甲酯	0.15					
苯甲酸甲酯	0.37	0.52	1.84	1.86	2.50	
辛酸甲酯	0.25	0.63				
甲基苯甲酸甲酯	1.15	1.32	1.56	2.15	0.56	
壬酸甲酯	0.26	0.60				
二甲基苯酸甲酯	0.32	0.23	0.25			
十五烷酸甲酯		1.98				
3-甲氧基苯甲酸甲酯	0.31	0.35	0.45	0.45		
4-乙基苯甲酸甲酯	0.12					
十一烷-10-烯酸甲酯				0.49	2.26	0.27
十一烷酸甲酯	0.13	0.24	0.90	0.47		
3-甲氧基-4-甲基苯甲酸	0.25					
间苯二酸二甲酯	0.96					
癸酸甲酯	0.19					
2-乙基-6-羟基苯甲酸甲酯	0.33					
十三烷酸甲酯	0.55			0.36		
十四烷酸甲酯	0.25	1.09		0.38		
9-甲基十四烷酸甲酯		1.63				
14-甲基十五烷酸甲酯	0.69	1.84		0.87		

表 5-11(续)

酯　类	相对含量/%					
	SP_{BYH}	SP_{300}	SP_{400}	SP_{500}	SP_{600}	SP_{700}
16-甲基十七烷酸甲酯		1.41				
十六烷基-7-烯酸甲酯	0.10					
硬脂酸甲酯	0.45					
十六烷酸甲酯	0.37					
二十烷酸甲酯	0.81					
二十一烷酸	1.81					
二十二烷酸甲酯	3.09					
二十三烷酸甲酯	1.12					
二十四烷酸甲酯	2.83					
12-羟基十八烷基-9-烯酸甲酯			1.21	1.36	10.25	2.77
十八烷基-9,12-二烯酸甲酯						0.39
十八烷基-9-烯酸甲酯						0.61

从表 5-12 可以看出,400 ℃ 以上热解焦油中有少量的苯并呋喃及其同系物,然而原煤和半焦热溶物中均没有检测到这些化合物。因此,焦油中的这些呋喃类化合物可能归因于煤热解过程中释放出有机质的复杂反应。仅有少量有机氮和有机硫化合物从原煤及其热解半焦中溶出(表 5-13)。表 5-14 为热解焦油中检测到的有机氮化合物。虽然 Tar_{300} 中仅检测到 1 种有机氮化合物,但焦油中有机氮化合物的种类随热解温度升高而增加,这说明白音华褐煤中可溶的有机氮化合物较少,但高温热解过程中含氮化合物可从褐煤大分子网络结构中解离出。Tar_{600} 和 Tar_{700} 中共检测到 14 种有机氮化合物,并且大部分为含氮杂环化合物。

表 5-12　热解焦油中检测到的呋喃类化合物

呋喃类	相对含量/%			
	Tar_{400}	Tar_{500}	Tar_{600}	Tar_{700}
苯并呋喃	0.09	0.21	0.08	0.07
甲基苯并呋喃	0.38	0.47	0.37	0.25
乙基异苯并呋喃	0.39	0.36	0.36	0.42
二甲基苯并呋喃	0.18	0.30	0.27	0.35
甲基二苯并[b,d]呋喃		0.41	0.50	0.59
苯并[b]萘酚[2,3-d]呋喃		0.19	0.32	0.14

表 5-13　原煤及其热解半焦热溶物中检测到的有机氮和有机硫化合物

化合物	相对含量/%					
	SP$_{BL}$	SP$_{300}$	SP$_{400}$	SP$_{500}$	SP$_{600}$	SP$_{700}$
ONCs						
2-乙基吡啶	0.14	0.12	0.13	0.12		
3-甲氧基苯甲酰胺	0.12					
2,3,5,6-四甲基吡嗪			0.15			
3,4-二甲基苯甲酰胺			0.19			
3-异丙氧基苯胺	0.15					
OSCs						
5-甲基苯并噻吩			0.89	0.64	1.39	1.45
2,7-二乙基苯并噻吩		1.51	0.38	0.76		
2-乙基-7-甲基苯并[b]噻吩	0.64	0.35	0.39	0.62		
1-(6-甲基苯并[b]噻吩-2-基)乙酮	1.26					

表 5-14　热解焦油中检测到的有机氮化合物

化合物	相对含量/%				
	Tar$_{300}$	Tar$_{400}$	Tar$_{500}$	Tar$_{600}$	Tar$_{700}$
吡啶		0.16	0.27	0.24	0.23
甲基吡啶		0.11	0.71	0.56	0.63
二甲基吡啶		0.22	0.47	0.51	0.50
三甲基吡啶				0.08	0.08
甲苯甲腈			0.11	0.12	0.15
5,6-二甲基苯并[d]咪唑		0.21	0.27	0.23	0.29
喹啉			0.17	0.24	0.29
甲基异喹啉		0.76	0.35	0.40	0.67
3-甲基吲哚			0.73	0.17	0.17
异吲哚啉-1,3-二酮			0.10	0.21	0.20
6-甲基吡啶并[2,3-b]吲哚	1.09	0.75	0.76	0.91	0.90
4-甲基嘧啶-2-胺		0.55	0.40	0.36	0.22
N-(苯并二氢呋喃-7-基)乙酰胺		0.82	0.82	0.81	0.95
苯甲腈		0.20	0.45	0.48	0.43

5.4　本章小结

大量可溶的长链脂肪烃和羧酸以非共价键缠绕在白音华褐煤大分子网络芳香核周围。在低温热解时,长链脂肪烃直接从煤中释放进入焦油,而长链脂肪酸逸出后进一步分解为长链正构烷烃、正构烯烃和 CO_2。白音华褐煤中大量可溶的芳烃在低温热解时直接释放出,但高温热解时容易发生裂解反应失去烷基侧链或者相互聚合为稠环芳烃。300 ℃热解过程中释放的酚类化合物归因于镶嵌于煤大分子网络中可溶的游离酚类化合物的直接挥发,而高温热解时酚类化合物主要来自褐煤大分子网络中芳基醚键的断裂。褐煤中含苯乙酮结构单元的酮类化合物在 400 ℃以上热解时分解为酚类和 CO,而不是以酮类释放。这些研究结果对从分子水平上揭示褐煤的大分子结构特征和热解反应机理,开发褐煤的高效清洁利用工艺具有重要的理论指导意义。

第6章　临汾高硫烟煤的热溶解聚
及有机硫赋存形态研究

按照《煤炭质量分级　第2部分：硫分》(GB/T 15224.2—2010)，煤可分为特低硫煤(≤0.5％)、低硫煤(0.51％～1.00％)、中硫煤(1.01％～2.00％)、中高硫煤(2.01％～3.00％)和高硫煤(＞3.00％)。煤中硫的来源有两种：一是成煤植物本身所含有的硫(原生硫)；二是来自成煤环境及成岩变质过程中侵入的硫(次生硫)[164]。按照赋存形态，煤中硫可分为有机硫和无机硫。煤中的无机硫主要包括硫化物、硫酸盐和少量的元素硫。硫化物主要有黄铁矿(FeS_2)、白铁矿(FeS_2)、闪锌矿(ZnS)、方铅矿(PbS)、黄铜矿($CuFeS_2$)、磁黄铁矿($Fe_{1-x}S$)、含砷黄铁矿($FeAsS$)及一些微量的含硫矿物质。一般来说，黄铁矿是煤中主要的硫化物。煤中的有机硫是一系列含硫有机官能团的总称。有机硫主要来自煤形成过程中的泥炭和成岩阶段。原生硫与次生硫在煤形成和沉积的过程中经生化反应而逐渐转变为有机组分，并与煤的有机质紧密结合。研究表明，煤层在不同的演化阶段形成有机含硫化合物的类型不同[165]。在泥炭化阶段和早期成岩阶段形成的有机硫多以硫醇、硫醚和饱和环状硫化物为主，在晚期成岩阶段和变质阶段形成的有机硫多以噻吩硫为主。

我国中高硫煤储量较大，仅高硫煤就占全国煤炭资源量的8％，预测总量和探明储量分别达到4 260亿 t 和620亿 t，主要分布于北方晚石炭纪至早二叠纪和南方晚二叠纪聚煤区[166]。中高硫煤燃烧产生的 SO_2 会导致酸雨和其他环境污染问题，同时硫含量高会严重影响焦炭质量，因此中高硫煤在发电和炼焦等常规煤转化领域都难以大规模应用。如何实现中高硫煤高效清洁利用，解决煤炭应用和环境保护之间的矛盾，是我国在保持经济增长过程中亟待解决的问题之一。深入认识煤中有机硫赋存形态对中高硫煤清洁利用至关重要。

煤中有机硫赋存形态研究比较困难，主要有两个原因：一是有机硫是煤大分子结构的一部分，以难溶、难脱除的交联结构或杂环形态存在，分布极不均匀；二是燃烧、液化和热解等过程会改变煤中有机硫化合物组成和结构，研究这些过程产物不能真实反映煤中有机硫的原始赋存形态。利用温和热溶方法将中高硫煤中有机质有效溶出，同时综合利用多种现代仪器对高硫煤可溶有机质中的含硫有机化合物的组成和结构特征进行定性和定量分析，一方面可实现中高硫煤的分级转化，另一方面可从分子水平上揭示高硫煤中有机硫的赋存形态，为开发高硫煤及其衍生物的脱硫技术提供理论支持。

本章研究了山西临汾高硫烟煤的热溶解聚,并对热溶物进行了中压制备色谱分离,利用 GC、FTIR、GC-MS、DART-TOF-MS、^{13}C NMR 分析了热溶气体、热溶物和热溶残渣的组成和结构特征,深入揭示了临汾高硫烟煤中有机硫的赋存形态。

6.1　煤样和实验方法

6.1.1　煤样工业分析和元素分析

本研究选取山西临汾高硫烟煤(LF)为煤样。原煤经球磨机破碎,筛分,其粒度达 200 网目以下($<74\ \mu m$)后 80 ℃真空干燥 48 h,并放入干燥器中备用。煤样的工业分析、元素分析如表 6-1 所示。临汾高硫烟煤中硫以有机硫为主,无机硫(硫酸盐硫和黄铁矿硫)含量较少。

表 6-1　原煤的工业分析、元素分析及形态硫含量　　　　　　　　单位:%

煤样	工业分析			元素分析					硫形态/db		
	M_{ad}	A_d	V_{daf}	C_{daf}	H_{daf}	N_{daf}	$S_{t,d}$	O_{diff}	S_s	S_p	S_o
LF	0.65	6.53	32.04	81.50	5.08	1.36	3.60	8.46	0.12	0.25	3.23

注:M_{ad}表示空气干燥基水分;A_d表示干燥基灰分;V_{daf}表示干燥无灰基挥发分;diff 表示差减;$S_{t,d}$表示干燥基总硫;S_s表示硫酸盐硫;S_p表示铁矿硫;S_o表示有机硫。

6.1.2　临汾煤的热溶解聚

取 2 g 煤样和 20 mL 溶剂放入 100 mL 带有磁力搅拌的高压反应釜中,利用氮气置换釜内空气后保留 2 MPa 的氮气作为初始压力,连接好搅拌、加热装置和电源,开启控制面板,使釜内温度以 10 ℃/min 程序升温至设定温度,并保持 2 h。反应结束后将反应釜迅速冷却至常温,将出气口与气袋连接,收集得到气体产物并利用气相色谱仪进行分析。开启反应釜,将煤浆转移至 500 mL 烧杯中,用甲醇清洗高压釜以确保反应物完全取出。将反应混合物过滤,得到的滤饼利用等体积丙酮反复超声萃取并抽滤至滤液无 GC-MS 可检测化合物,滤液用旋转蒸发仪浓缩后转移到已称重的样品瓶中自然晾干得到热溶物,滤饼 80 ℃真空干燥 24 h 得到热溶残渣。不同温度的热溶物和热溶残渣分别命名为 SP$_{温度}$和 ISP$_{温度}$。为考察温度的影响,临汾煤在不同温度(220~300 ℃)甲醇中进行热溶。为了考察溶剂对热溶的影响,分别利用甲醇、乙醇、正丙醇、苯和甲苯 5 种溶剂对临汾高硫煤在 300 ℃进行热溶,不同溶剂的热溶物和热溶残渣分别命名为 $SP_{溶剂}$ 和 $ISP_{溶剂}$。

以干燥无灰基为标准计算热溶物和气体的产率,分别按照式(6-1)和式(6-2)计算:

$$Y_{SP} = \frac{m_{SP}}{m_{c,daf}} \times 100\%$$ (6-1)

式中,Y_{SP} 代表热溶物产率,%;m_{SP} 代表热溶物的质量,g;$m_{c,daf}$ 代表煤样的质量,g。

$$Y_{gas} = \frac{\sum pVc_i M_i}{RT \cdot m_{c,daf}} \times 100\%$$ (6-2)

式中,Y_{gas} 代表气体产率,%;$m_{c,daf}$ 代表煤样的质量,g;i 代表某一种气体组分;c_i 表示某种气体组分的相对含量,%;M_i 表示某种气体组分的相对分子质量,g/mol;V 表示热溶出的气体的总体积,mL;p 表示测定体积时的大气压,Pa;T 表示测定体积时的温度,K。

6.2　临汾煤在甲醇中的热溶解聚

6.2.1　热溶产物产率和分布

图 6-1 为临汾煤甲醇热溶产物产率随温度的变化规律。可以看出,热溶物和气体产率均随温度升高而增加,且以气体产物为主。240 ℃时气体和热溶物产率分别仅为 3.1% 和 4.6%,而温度达到 280 ℃,气体和热溶物产率明显增加,分别为 40.5% 和 7.5%。这是由于甲醇在高于 240 ℃达到超临界状态,超临界甲醇具有良好的溶解性和渗透性[86]。温度的升高可以降低溶剂的黏度和表面张力,较高的压力可以促进溶剂与煤分子结构更充分接触,使可溶有机质更加彻底溶出。温度高于 280 ℃后,气体和热溶物产率增幅不大,这可能是由于大部分可溶有机质已溶出或分解,并且高温条件下热溶物中有机质碎片之间容易发生缩聚反应结焦。

图 6-2 为不同温度下临汾煤甲醇热溶气体的组成和产率。从图中可以看出,热溶气体由 H_2、CO、CO_2 和 C_1-C_4 烃类化合物等组成,各种气体产率均随热溶温度升高而增加,这与之前研究者的结果相符[160,167]。各温度下气体均以 CH_4、H_2 和 CO 为主,占到气体组分的 80%~90%。H_2 产率从 220 ℃的 0.6 mL/g 增加到 300 ℃的 79.6 mL/g。含氧气体以 CO 为主,主要来源于较弱含氧官能团的断裂,如羟基、羧基、醚键和氧桥键等[168]。

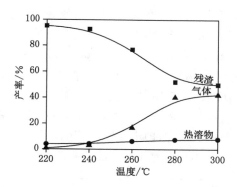

图 6-1　临汾煤甲醇热溶产物产率随温度的变化规律

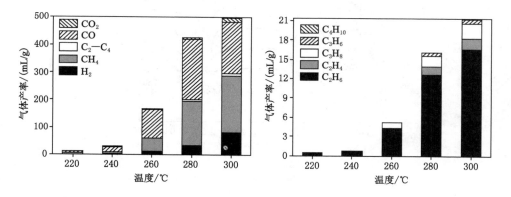

图 6-2　不同温度下临汾煤甲醇热溶气体的组成和产率

　　热溶气体中的烃类化合物包括甲烷（CH_4）、乙烷（C_2H_6）、乙烯（C_2H_4）、丙烷（C_3H_8）、丙烯（C_3H_6）和丁烷（C_4H_{10}），产率随温度升高而增加，特别是热溶温度高于 280 ℃时。这些烃类化合物主要来源于煤结构单元之间桥键断裂生成的自由基以及与缩合芳环相连的烷基侧链断裂生成短链烷基自由基，这些自由基通过加氢或重新键合生成烃类气体。CH_4 的产率在 220～300 ℃温度范围内从 18.8 mL/g 增加到 207.5 mL/g。C_2H_6 的产率仅次于 CH_4，而其他烃类气体的产率较低。作为亲核试剂，甲醇能够进攻煤中弱桥键产生诸多烷基自由基。另外，煤大分子网络结构中游离的小分子脂肪化合物受热可分解为气态烃类化合物。

6.2.2　热溶物 FTIR 分析

　　图 6-3 为甲醇热溶物的 FTIR 谱图。可以看出，不同温度下热溶物的 FTIR谱图在 2 920 cm⁻¹、2 853 cm⁻¹、1 450 cm⁻¹ 和 1 345 cm⁻¹ 处均出现了明显的吸

收峰,这说明 LF 可溶有机质中含有较多的脂肪族化合物;1 640 cm^{-1} 处出现强的芳环 C=C 振动峰,且随着温度增加,峰度越来越明显。另外,FTIR 谱图中出现了 O—H(3 417 cm^{-1})和 C—O(1 100 cm^{-1})等含氧官能团的吸收峰,表明有醇、酚和醚等含氧化合物的溶出。FTIR 谱图中并未出现明显的 C=O (1 820~1 690 cm^{-1})吸收峰,表明热溶物中醛酮类化合物的含量较低。脂肪 C—H 的对称弯曲振动峰(1 400 cm^{-1})相对于其特征吸收峰(1 380 cm^{-1})向高波数移动,说明存在部分甲基官能团与杂原子相连[169]。另外,SP$_{280}$ 和 SP$_{300}$ 的 FTIR 谱图在 750 cm^{-1} 处有明显的 C—S 键的吸收峰。

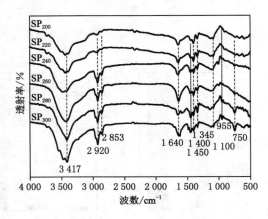

图 6-3 甲醇热溶物的 FTIR 谱图

6.2.3 热溶物的 GC-MS 分析

热溶物中 GC-MS 可检测化合物可为烷烃(Alkanes)、烯烃(Alkenes)、芳烃(Arenes)、有机含氧化合物(OCOCs)、有机氮化合物(ONCs)和有机硫化合物(OSCs)。图 6-4 为不同温度热溶物中族组分产物分布。可以看出,各温度下热溶物中化合物均以芳烃为主,相对含量为 50%~65%,且随着温度升高而增加;烷烃相对含量随着温度升高而降低。OCOCs 的含量在 280 ℃时达到最高,为 21.5%。与褐煤热溶物相比,LF 中可溶含氧化合物同样以酚类化合物为主,但相对含量明显低于褐煤。ONCs 和 OSCs 相对含量随温度变化不明显。

采用外标法进行正构烷烃和稠环芳烃(PAHs)的定量分析。每次进样量为 1 μL,根据待定量组分在总离子流色谱图中的出峰情况,分别使用丙酮将购置的烷烃和芳烃混标稀释为 5 μg/mL、10 μg/mL、20 μg/mL、30 μg/mL、40 μg/mL、50 μg/mL 的标准液。根据标准液的浓度与对应的峰面积绘制出每种化合物标

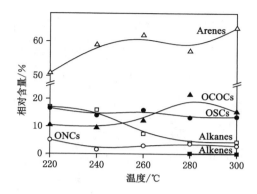

图 6-4   不同温度热溶物中族组分产物分布

准曲线,并保证标准曲线的相关系数大于 0.99。在相同的色谱和操作条件下对热溶物进行 GC-MS 分析,根据总离子流色谱图中化合物的面积和热溶物的总体积,计算得到这些化合物的绝对含量。GC-MS 的工作条件为:He 为载气,流速为 1.0 mL/min,分流比为 20∶1,质量扫描范围为 30～500 amu,进样口温度为 250 ℃,离子源温度为 230 ℃,四级杆温度为 150 ℃,离子化电压为 70 eV。每次进样 1 μL。升温程序:初始温度 60 ℃,以 5 ℃/min 速度从 60 ℃升至 300 ℃,保留 10 min。

图 6-5 为不同温度热溶物中正构烷烃的碳数分布及浓度。临汾煤热溶物中的正构烷烃集中在碳数 16～19,且随着温度增加,检测到的碳数范围从 C_{12}—C_{20} 扩大至 C_{11}—C_{24}。SP_{280} 中十七烷的浓度最高,为 82.1 μg/g。Chen 等[170]发现兖州烟煤和红庙褐煤的可溶物中正构烷烃分别集中在 C_8—C_{10} 和 C_{17}—C_{20}。临汾煤可溶物中烷烃的碳数分布和褐煤更为接近,这可能是由于临汾煤挥发分含量较高,属于中低阶烟煤,煤有机质中还保留着大量的长链烷烃。随着热溶温度的增加,热溶物中正构烷烃的浓度随之增加,这与前人的研究结果一致[171]。另外,碳数为 14～18 的正构烷烃的浓度在超过 240 ℃后迅速增加,表明甲醇达到超临界状态(240 ℃,7.95 MPa)具有较好的流动性,有效地促进热溶体系的传质和传热,从而促进煤中长链烷烃进一步溶出。

图 6-6 为稠环芳烃标样组成和结构。根据环数,稠环芳烃通常被分为两到三个环的轻质芳烃(LPAHs),如萘、苊烯、蒽等;四到六个环的重质芳烃(HPAHs),如荧蒽、芘、二苯并(a,h)蒽等[172]。图 6-7 为热溶物中稠环芳烃的分布及其浓度。在 220～260 ℃,随着热溶温度升高,各个化合物的浓度逐渐增加;在 260～280 ℃,浓度迅速增加;超过 280 ℃,浓度稍有减小,这可能是由于高温

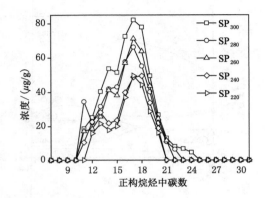

图 6-5　不同温度热溶物中正构烷烃的碳数分布及浓度

条件下溶出的稠环芳烃较易缩聚。热溶物中共检测到萘、苊、芴、菲、蒽、荧蒽、芘、苯并(a)蒽、䓛和苯并(a)芘等 10 种稠环芳烃,未检测到五环以上的稠环芳烃。其中,两环和三环稠环芳烃(如萘和菲)的浓度较高,而四环及四环以上稠环芳烃的溶出效果较差,这说明大量的 LPAHs 以游离态的形式镶嵌于煤大分子网络结构中或以弱的共价键与煤大分子缩合芳核相连,热溶有效促进了 LPAHs 的溶出,而 HPAHs 大多包裹在缩合芳核结构中或以较强和较多共价键与芳香核相连,较难溶出。此外,菲是浓度最高的稠环芳烃,在 SP$_{280}$ 中的浓度为 310 μg,这由于三环稠环芳烃中菲热力学最稳定,在成煤过程中能稳定存在。

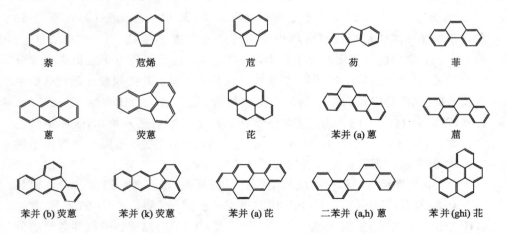

图 6-6　稠环芳烃标样组成和结构

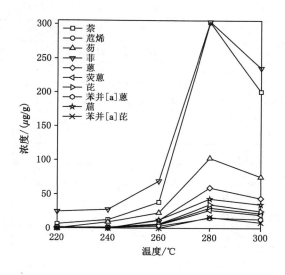

图 6-7　热溶物中稠环芳烃的分布及其浓度

表 6-2 为临汾煤不同温度甲醇热溶物中检测到的有机硫化合物,包括硫醇类、硫醚类、硫酮类、硫酯类和噻吩类化合物。噻吩类化合物是热溶物中含量最丰富的含硫化合物,包括苯并噻吩类、二苯并噻吩类、萘并噻吩类和苯并萘并噻吩类化合物。从表中可以看出,在较低温度下(220~240 ℃),检测到的有机硫化合物只有(2,2-二苯基乙烯)(甲基)硫醚、二苯并噻吩类和萘并噻吩类化合物;而在较高温度下检测到的有机硫化合物种类较为丰富,如硫醇类和硫醚类。在高于 260 ℃的热溶物中,检测到四环的苯并萘并噻吩类化合物。较高的热溶温度有利于多环含硫类化合物的溶出。多环噻吩类化合物种类丰富,表明较多的硫原子存在于临汾煤大分子缩合芳环中。这是由于噻吩环上连有苯环以后,其性质与芳烃更为接近(芳香性增强),在煤中的分布更为普遍。

表 6-2　临汾煤不同温度甲醇热溶物中检测到的有机硫化合物

有机硫化合物	热溶物				
	SP$_{220}$	SP$_{240}$	SP$_{260}$	SP$_{280}$	SP$_{300}$
硫醇类					
2-巯基-2-甲基-丙酸					√
1,1-二苯基-丙烯-2-硫醇					√
3-甲基丁硫醇				√	√

表 6-2(续)

有机硫化合物	热溶物				
	SP$_{220}$	SP$_{240}$	SP$_{260}$	SP$_{280}$	SP$_{300}$
硫醚类					
二异丙基硫醚					√
3-甲基磺酰-丙醛					√
硫丁羟酸甲酯			√		
苄基(甲基)磺胺			√		
1-甲基-2-苯基(甲基)磺胺				√	√
1,3-二甲基-2-苯基(甲基)磺胺			√	√	
1,4-二甲基-2-苯基(甲基)磺胺				√	√
(2,2-二苯基乙烯)(甲基)硫醚	√				
硫酮类					
5,6-二苯基-1,2,4-三嗪-3(2H)-硫酮					√
硫酯类					
十二烷基(2-乙基己基)亚硫酸酯			√		
壬基戊-2-基亚硫酸酯			√		
苯并噻吩类					
苯并[b]噻吩				√	√
苯并[c]噻吩				√	
3-甲基-苯并[b]噻吩			√	√	√
5-甲基-苯并[b]噻吩				√	
6-甲基-苯并[b]噻吩					√
2,7-二甲基-苯并[b]噻吩			√	√	√
3,5-二甲基-苯并[b]噻吩					√
2,5,7-三甲基-苯并[b]噻吩			√	√	√
3-甲基-2,3-二氢-苯并[b]噻吩			√		
二苯并噻吩类					
二苯并噻吩					
1-甲基-二苯并噻吩		√	√	√	√
3-甲基-二苯并噻吩					
4-甲基-二苯并噻吩				√	
3-乙基-二苯并噻吩			√		√

表 6-2(续)

有机硫化合物	热溶物				
	SP$_{220}$	SP$_{240}$	SP$_{260}$	SP$_{280}$	SP$_{300}$
1,7-二甲基-二苯并噻吩				√	
2,6-二甲基-二苯并噻吩					√
2,7-二甲基-二苯并噻吩	√		√	√	√
2,8-二甲基-二苯并噻吩		√		√	
3,7-二甲基-二苯并噻吩	√		√	√	√
4,6-二甲基-二苯并噻吩	√	√	√	√	
萘并噻吩类					
萘并[1,2-b]噻吩	√		√		
萘并[2,1-b]噻吩		√		√	√
4-甲基-萘并[1,2-b]噻吩	√		√		√
4,9-二甲基-萘并[2,3-b]噻吩	√	√	√	√	√
苯并萘并噻吩类					
苯并[b]萘并[2,1-d]噻吩				√	√
2-甲基-苯并[b]萘并[2,1-d]噻吩					√
6-甲基-苯并[b]萘并[2,3-d]噻吩				√	√

甲基苯并噻吩类、甲基二苯并噻吩类/萘并噻吩类、二甲基二苯并噻吩类/萘并噻吩类、苯并萘并噻吩类、甲基苯并萘并噻吩类化合物的 m/z 分别为 147、197、212、234 和 248。GC-MS 检测到的噻吩类的环数从两环到四环且侧链多为一甲基和二甲基,故对 SP$_{300}$ 中这五类化合物提取离子流色谱图(图 6-8)。通过提取离子流色谱图可检测到更多的噻吩类化合物。例如,对于甲基苯并噻吩类,提取离子流色谱图($m/z=147$)出现了对应于 5-乙基-苯并[b]噻吩和 7-乙基-2-甲基-苯并[b]噻吩的色谱峰。对于甲基苯并萘并噻吩类,提取离子流色谱图($m/z=248$)出现了对应于 3-甲基-苯并[b]萘并[2,1-d]噻吩、5-甲基-苯并[b]萘并[2,1-d]噻吩、8-甲基-苯并[b]萘并[2,3-d]噻吩和 11-甲基-苯并[b]萘并[2,3-d]噻吩的色谱峰。从图 6-8 还发现 3-甲基-菲并[9,10-b]噻吩($m/z=248$)和蒽并[1,2-b]噻吩($m/z=234$)分别属于菲并噻吩类和蒽并噻吩类化合物。这些化合物并未在总离子流色谱图中匹配出来,可能是与其他缩合芳环类化合物的色谱峰发生了重叠,不容易被识别出来。

由表 6-2 可以看出,较高的温度有利于二苯并噻吩类化合物的溶出,特别是二甲基取代的二苯并噻吩类化合物,这与二苯并噻吩类化合物的稳定性有关。

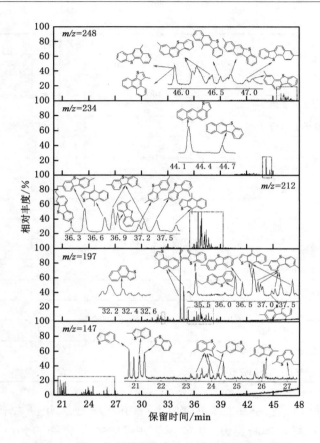

图 6-8 SP$_{300}$中噻吩类化合物的提取离子流色谱图

不同甲基取代位置的二苯并噻吩分子热力学稳定性随取代位置不同而变化。对于二苯并噻吩的烷基取代物来说，α 位取代物最不稳定；β 位取代物最稳定。根据分子热稳定机理，在所有一甲基二苯并噻吩中，2-和 4-甲基二苯并噻吩的稳定性较好；在所有二甲基苯并噻吩中，4,6-、2,4-、2,6-和 3,6-二甲基取代二苯并噻吩的稳定性较高。这些化合物在煤化过程中容易保留下来，因而在离子流色谱图中具有相对较高的丰度。

6.2.4　热溶物的 DART-TOF-MS 分析

图 6-9 为 SP$_{300}$ 的 DART-TOF-MS 可检测化合物的等效双键数（DBE）与碳数关系气泡图。DART-TOF-MS 共检测到 526 种有机化合物，远超过 GC-MS检测到的化合物种类。SP$_{300}$ 可检测化合物的碳数主要集中在 4～8，DBE 主要

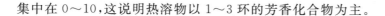

集中在 0～10,这说明热溶物以 1～3 环的芳香化合物为主。

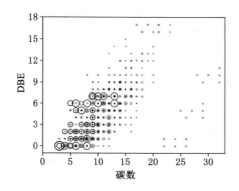

图 6-9　SP_{300} 中 DART-TOF-MS 可检测化合物的 DBE 与碳数关系气泡图

图 6-10 为 SP_{300} 中有机硫化物的族组分分布。热溶物中有机硫化合物可分为 NOS、NS、O_2S、O_2S_2、OS、OS_2、S、S_2 和 S_3 类。S 类化合物种类丰富且含量较高,其次是 NS、O_2S 和 OS,其他类的含硫化合物较少。在热溶物中未检出 O_2S_2 类化合物。图 6-11 为 SP_{300} 中 DART-TOF-MS 可检测有机硫化合物的 DBE 与碳数关系气泡图,将 OSC 可分为 S、$O_{1-2}S$、NS、和 $S_nN_nO_n$ 类。S 类以噻吩类为主,结合 GC-MS 的分析结果,这些化合物主要包括苯并噻吩类(DBE=6)、萘并噻吩类(DBE=9)、苯并萘并噻吩类(DBE=12)、菲并噻吩类(DBE=12)等,还有少量的硫醇硫醚类。S 类碳数主要分布在 10～18,DBE 主要分布在 6～9。$O_{1-2}S$ 类的 DBE 分布在 0～5,表明这类化合物主要以长链形式存在,以砜类(O=S=O,DBE=2)和亚砜类(S=O,DBE=1)化合物为主。另外,由于 NS 类和 $N_nO_nS_n$ 类元素组成复杂,很难确定其结构式。综上所述,热溶物中检测出的有机硫化合物以 S 类为主,且集中在 2～4 环的噻吩类化合物。

6.2.5　热溶残渣元素分析

表 6-3 为临汾原煤及其热溶残渣的元素分析。与原煤相比,260 ℃以下热溶残渣的 H/C 明显增大,这是由于大量游离芳香族化合物的溶出,而随温度升高,热溶残渣的 H/C 逐渐减小,这归因于大量脂肪族化合物的溶出,而缩合芳香环留在热溶残渣中。残渣的氧含量明显减小,而碳含量明显增加,这是由于热溶过程中 OCOCs 的溶出和部分含氧官能团如羧基的热分解。随热溶温度升高,热溶残渣的硫含量降低,这与较高温度热溶物中检测到更多含硫化合物相一致。

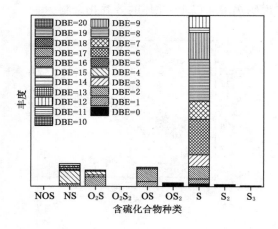

图 6-10　SP$_{300}$中有机硫化合物的族组分分布

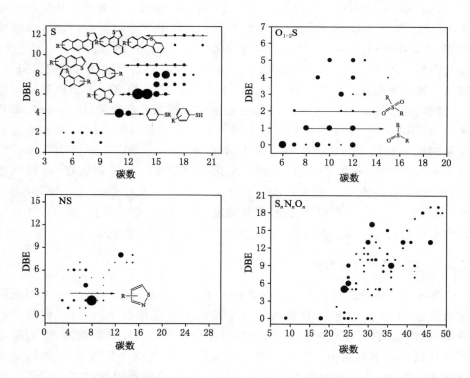

图 6-11　SP$_{300}$中 DART-TOF-MS 可检测有机硫化合物的 DBE 与碳数关系气泡图

表 6-3　临汾原煤及其热溶残渣的元素分析　　　　　单位:%

样品	C	H	N	S	O_{diff}	H/C
LF	76.50	4.77	1.28	3.38	14.07	6.23
ISP_{220}	83.28	5.77	1.42	4.02	5.51	6.93
ISP_{240}	83.40	5.63	1.39	3.97	5.61	6.75
ISP_{260}	83.90	5.40	1.42	3.76	5.52	6.44
ISP_{280}	84.11	5.19	1.31	3.75	5.64	6.17
ISP_{300}	84.37	5.22	1.34	3.75	5.32	6.19

注:diff 表示差减。

6.3　临汾煤在不同溶剂中的热溶解聚

　　热溶常用的溶剂有低碳醇、苯和甲苯等,这些溶剂在 300 ℃已经达到亚/超临界状态。亚/超临界状态溶剂可以破坏煤中氢键、电荷转移作用力、π-π 相互作用力和范德瓦耳斯力等非共价键作用力,使嵌在大分子网络结构中游离的有机质溶出。由于低碳醇极性强且分子较小,容易渗透进煤大分子孔隙中,再通过供氢作用进攻褐煤中的氧桥键,诱使氧桥键断裂,从而溶出更多的有机质。芳香类溶剂由于本身结构与煤大分子芳环结构具有相似性,通过 π-π 相互作用力与煤大分子芳环网络结构边缘或游离芳环结合使其挣脱大分子结构的束缚而溶出。为考察溶剂对临汾煤热溶解聚的影响,分别利用甲醇(MET)、乙醇(ETH)、正丙醇(PRO)、苯(BEN)和甲苯(TOL)等 5 种溶剂对 LF 在 300 ℃进行热溶。不同溶剂的热溶气体产物、热溶物和热溶残渣分别命名为 Gas溶剂、SP溶剂 和 ISP溶剂。

6.3.1　热溶产物产率和分布

　　图 6-12 为临汾煤在不同溶剂中的热溶产物产率和分布。可以看出,醇溶剂中热溶转化率(热溶物和气体产率之和)明显高于两种芳烃溶剂;五种溶剂热溶物产率在 7.8%～15.7%,其中 SP_PRO 产率最高;醇类溶剂中热溶气体产物产率较高,尤其甲醇中热溶气体产率超过 40%,而苯和甲苯热溶气体产物产率较低。

　　图 6-13 为临汾煤在不同溶剂中热溶气体产物的组成与产率。可以看出,Gas_MET 的产率最高,以 H_2、CO 和 CH_4 为主。Gas_ETH 和 Gas_PRO 含有较多的 C_2—C_4 烃类气体,Gas_ETH 中的烃类气体主要为乙烷(32.4 mL/g),而 Gas_PRO 烃类气体中有大量乙烷(32.4 mL/g)和丙烷(22.3 mL/g)。由此可见,醇类溶剂在热溶过

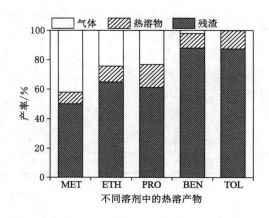

图 6-12　临汾煤在不同溶剂中的热溶产物产率和分布

程中可能与 CO 和 H_2 等发生重整反应,转化为烷烃气体。Gas_{BEN} 和 Gas_{TOL} 的产率分别为 38.3 mL/g 和 2.0 mL/g,远低于醇类溶剂中热溶生成的气体量。

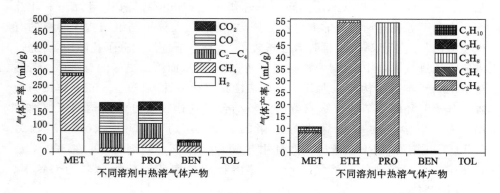

图 6-13　临汾煤在不同溶剂中热溶气体产物的组成与产率

6.3.2　热溶物的 FTIR 分析

图 6-14 为临汾煤不同溶剂热溶物的 FTIR 谱图。热溶物中酚类化合物常以缔合物存在,因此 3 650～3 200 cm^{-1} 处有强而宽的羟基伸缩振动吸收峰;1 470 cm^{-1}、1 380 cm^{-1}、2 960 cm^{-1} 和 2 970 cm^{-1} 分别为脂肪 C—H 振动峰;1 706 cm^{-1} 为羰基的伸缩振动峰;1 656 cm^{-1} 为芳香 C═C 骨架面内振动;1 300～1 100 cm^{-1} 处为醇、酚和芳基醚 C—O 伸缩振动和羟基变形振动峰;744 cm^{-1} 处为 C—S 键的特征吸收峰。值得注意的是 SP_{MET} 和 SP_{BEN} 的 C—S 键

（744 cm^{-1}）吸收峰明显强于其余三种热溶物,表明甲醇和苯对临汾煤中含硫类化合物溶出效果较好,这与 GC-MS 检测出较多含硫化合物结果一致。

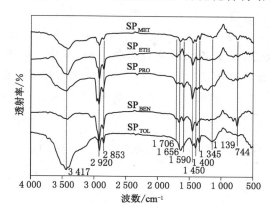

图 6-14　临汾煤不同溶剂热溶物的 FTIR 谱图

6.3.3　热溶物的 GC-MS 分析

如图 6-15 所示,热溶物 GC-MS 可检测化合物分为烷烃、烯烃、芳烃、含氧化合物（OCOCs）、有机氮化合物（ONCs）和有机硫化合物（OSCs）。与苯和甲苯相比,醇类溶剂溶出了较多的 OCOCs,特别是正丙醇。需要指出的是 SP$_{PRO}$ 的总离子流色谱图检测到丰度最高的化合物为 1,1-二丙氧基-丙烷（正丙醇的三聚体）。甲醇和苯对芳烃的溶出效果较好,而乙醇、正丙醇和甲苯对烷烃的溶出效果较好;SP$_{ETH}$ 中烯烃的相对含量为 7.3%,主要是正构烯烃。Nguyen 等[167]认为煤

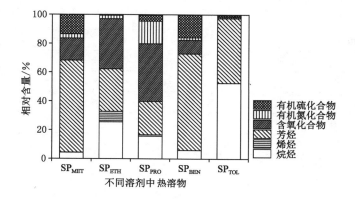

图 6-15　临汾煤不同溶剂热溶物可检测化合物族组分分布

中正构烯烃来源于正构烷烃和正构烷醇等的脱水、断裂和消去反应。热溶物中 OCOCs 以酚类化合物为主;正丙醇对 ONCs 的溶出效果较好,检测到的 ONCs 以胺类和吡啶类为主;热溶物芳烃以两到三环的 PAHs 为主。

表 6-4 给出了临汾煤在 5 种不同溶剂热溶物中的有机硫化合物,包括硫醇类、硫醚类、硫酮类、磺酰类和噻吩类化合物。SP_{MET} 中所含有机硫化合物种类最多,特别硫醇类和硫醚类,这说明醇类溶剂对硫醇和硫醚的溶出效果较好。苯和甲苯对三环和四环的有机硫化合物溶出效果较好,如二苯并噻吩类、萘并噻吩类和苯并萘并噻吩类化合物,而没有检测到其他类的有机硫化合物。

表 6-4　临汾煤在 5 种不同溶剂热溶物中的有机硫化合物

有机硫化合物	热溶物				
	SP_{MET}	SP_{ETH}	SP_{PRO}	SP_{BEN}	SP_{TOL}
2-巯基-2-甲基-丙酸	√				
1,1-二苯基-丙烯-2-硫醇	√				
3-甲基丁硫醇	√	√			
二异丙基硫醚	√				
3-甲基磺酰-丙醛	√				
1-甲基-2-苯基(甲基)磺胺	√				
1,4-二甲基-2-苯基(甲基)磺胺	√				
4-(乙硫基)丁-2-酮		√			
8-(甲巯基)萘-1-胺			√		
5,6-二苯基-1,2,4-三嗪-3(2H)-硫酮	√				
(甲磺酰)甲烷		√			
1-(丙磺酰)丙烷			√		
苯并[b]噻吩	√				
3-甲基-苯并[b]噻吩	√				
6-甲基-苯并[b]噻吩	√				
5-乙基-苯并[b]噻吩	√				
2,7-二甲基-苯并[b]噻吩	√				
3,5-二甲基-苯并[b]噻吩	√				
2,3-二乙基-苯并[b]噻吩		√			
2,5,7-三甲基-苯并[b]噻吩	√				

表 6-4(续)

有机硫化合物	热溶物				
	SP$_{MET}$	SP$_{ETH}$	SP$_{PRO}$	SP$_{BEN}$	SP$_{TOL}$
3-甲基-2,3-二氢-苯并[b]噻吩		✓			
7-(1-甲基丁基)-苯并[b]噻吩			✓		
7-乙基-2-丙基-苯并[b]噻吩			✓		
1-苯并噻吩-2-甲醇			✓		
1-甲基-二苯并噻吩	✓	✓		✓	✓
3-甲基-二苯并噻吩				✓	
4-甲基-二苯并噻吩				✓	
3-乙基-二苯并噻吩	✓				
1,7-二甲基-二苯并噻吩					
2,6-二甲基-二苯并噻吩	✓				
2,7-二甲基-二苯并噻吩	✓			✓	
2,8-二甲基-二苯并噻吩					
3,7-二甲基-二苯并噻吩	✓				✓
4,6-二甲基-二苯并噻吩				✓	✓
萘并[1,2-b]噻吩		✓		✓	
萘并[2,1-b]噻吩	✓		✓		
萘并[2,3-b]噻吩					✓
4-甲基-萘并[1,2-b]噻吩	✓				
4,9-二甲基-萘并[2,3-b]噻吩	✓			✓	
苯并[b]萘并[2,1-d]噻吩	✓			✓	
苯并[b]萘并[2,3-d]噻吩		✓			
2-甲基-苯并[b]萘并[2,1-d]噻吩	✓				
6-甲基-苯并[b]萘并[2,3-d]噻吩	✓				
10-甲基-苯并[b]萘并[2,1-d]噻吩				✓	
11-甲基-苯并[b]萘并[2,3-d]噻吩			✓		
3-甲基-菲并[9,10-b]噻吩				✓	
蒽并[1,2-b]噻吩				✓	

　　由图 6-15 可知,SP$_{BEN}$中有机硫化合物的相对含量为 15.8%,高于其他热溶物。而在总离子流色谱图中仅检测到 9 种含硫化合物,包括 1-甲基-二苯并噻

吩,2,7-二甲基-二苯并噻吩,4,9-二甲基-萘并[2,3-b]噻吩和 10-甲基-苯并[b]萘并[2,1-d]噻吩等。因此,分别取质荷比 m/z 为 147,197,212,234 和 248,得到提取离子流色谱图(图 6-16)。明显地,提取离子流色谱图中出现了更多的色谱峰。提取离子流色谱图未检测到苯并噻吩类化合物;检测到的二苯并噻吩类包括 1,7-二甲基-二苯并噻吩、2,6-二甲基-二苯并噻吩和 3,7-二甲基-二苯并噻吩;检测到的萘并噻吩类化合物仅有一种,即 4-甲基-萘并[1,2-b]噻吩;检测到的苯并萘并噻吩类化合物包括 3-甲基-苯并[b]萘并[9,10-b]噻吩、6-甲基-苯并[b]萘并[2,3-d]噻吩、7-甲基-苯并[b]萘并[2,3-d]噻吩、8-甲基-苯并[b]萘并[2,3-d]噻吩和 11-甲基-苯并[b]萘并[2,3-d]噻吩;检测到一种蒽并噻吩类化合物,即蒽并[1,2-b]噻吩。由此可见,苯对三环四环噻吩类化合物有良好的溶出效果。

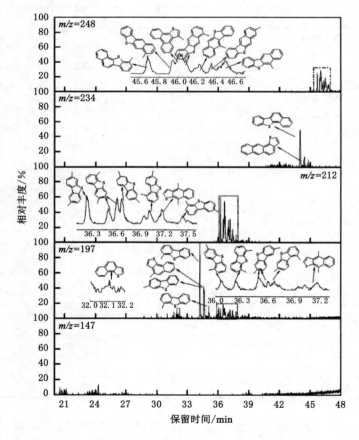

图 6-16　SP_BEN 噻吩类化合物的提取离子流色谱图

6.3.4   热溶残渣元素分析

表 6-5 为 LF 及其不同溶剂热溶残渣的元素分析。ISP_{ETH} 和 ISP_{PRO} 的 H/C 值较 LF 有所增大,这是由于热溶溶出了大量低 H/C 的化合物如芳烃(见图 6-12),而 ISP_{TOL} 的 H/C 远小于 LF,这与 SP_{TOL} 烷烃含量较高一致。另外,可能由于醇溶剂中烷氧基键合到煤大分子网络结构上,导致 ISP_{ETH} 和 ISP_{PRO} 具有较高的氧含量和 H/C。

表 6-5   LF 及其不同溶剂热溶残渣的元素分析   单位:%

样品	C	H	N	S	O_{diff}	H/C
LF	76.50	4.77	1.28	3.38	14.07	6.23
ISP_{MET}	84.37	5.22	1.34	3.75	5.32	6.19
ISP_{ETH}	74.98	5.18	2.39	1.22	16.23	6.91
ISP_{PRO}	77.42	5.49	2.34	1.11	13.64	7.09
ISP_{BEN}	81.01	4.88	1.65	3.91	8.55	6.02
ISP_{TOL}	86.79	3.08	1.45	4.07	4.61	3.55

注:diff 表示差减。

6.3.5   热溶残渣 FTIR 分析

图 6-17 为临汾原煤及其热溶残渣的 FTIR 谱图。临汾原煤和热溶残渣均在 3 434 cm^{-1} 出现强而宽的缔合羟基吸收峰。2 918 cm^{-1} 和 2 851 cm^{-1} 处为脂肪 C—H 伸缩振动峰,1 383 cm^{-1} 和 1 443 cm^{-1} 处为脂肪 C—H 键的对称和不对称剪式振动,临汾原煤在此处吸收峰明显强于残渣,表明临汾原煤中含有较多的脂肪结构,热溶过程溶出大量的脂肪族化合物。另外,临汾原煤的 C—H 伸缩振动峰与热溶残渣相比明显红移,这可能是由于临汾原煤中存在的杂原子与脂链相连产生诱导效应。临汾原煤及其不同溶剂热溶残渣在 1 702 cm^{-1} 处的吸收峰都很弱。1 255 cm^{-1} 为醇、酚和芳基 C—O 的伸缩振动峰,而 1 043 cm^{-1} 处为脂肪醚键的伸缩振动峰[173],临汾原煤在这两处的吸收峰均强于残渣。由此可见,临汾原煤中 C—O 键以脂肪醚键为主,醇、酚、芳基醚次之,羧酸、醛酮类较少,热溶过程中大量脂肪醚键断裂。此外,875 cm^{-1}、810 cm^{-1} 和 750 cm^{-1} 处为芳香 C—H 面外弯曲振动。540 cm^{-1} 处为硅酸盐矿物的石英和黏土矿物的伸缩振动峰。3 700~3 600 cm^{-1} 波数范围为硅酸盐吸收带和高岭石矿物的吸收带。

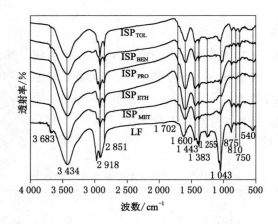

图 6-17 临汾原煤及其热溶残渣的 FTIR 谱图

6.3.6 热溶残渣 XPS 分析

图 6-18 为临汾原煤及其热溶残渣的 XPS 宽扫描图。可以看出,样品表面含量最高的元素为碳,占到 90% 左右,其次为氧,还有少量的氮和硫元素。图 6-19 为临汾原煤及其热溶残渣的 O 1s XPS 谱图,通过 Peakfit 软件进行分峰拟

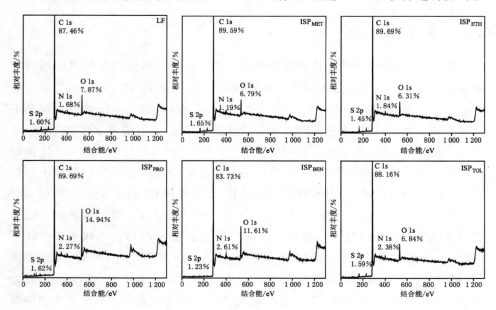

图 6-18 临汾原煤及其热溶残渣的 XPS 宽扫描图

合来确定氧元素的赋存形态,得到各形态氧的相对含量,如表 6-6 所示。煤样及热溶残渣样品表面的氧元素以 C=O 、O—H、C—O 和 COO—四种形态存在,对应结合能分别是(531.2±0.2) eV、(532.0±0.2) eV、(532.7±0.3) eV 和 (533.4±0.1) eV。原煤表面氧元素主要以 C—O 形态为主,其次为 COO—、O—H,C=O 含量最少。与原煤相比,各热溶残渣表面的 C=O 和 COO—含量增加,而 C—O 含量减少。煤中 C—O 桥键的键能为 52.6~107.6 kcal/mol,其中酚羟基(C_{ar}—OH)的键能最高[174]。由于 C—O 键键能较低,所以热溶容易打破煤大分子结构中的脂肪醚桥键,导致残渣中的 C—O 含量减少。

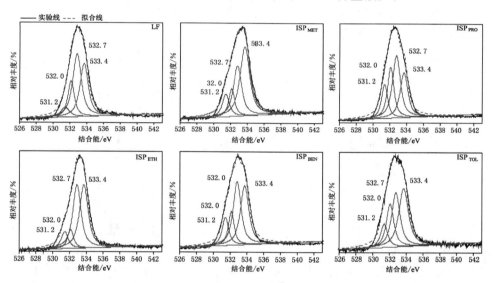

图 6-19　临汾原煤及其热溶残渣的 O 1s XPS 谱图

表 6-6　有机氧形态的相对含量(O 1s)　　　　　单位:%

样品	氧形态			
	C=O	O—H	C—O	COO—
LF	6.57	17.91	41.66	33.86
ISP$_{MET}$	11.11	11.83	29.85	47.21
ISP$_{ETH}$	9.08	8.58	40.01	42.32
ISP$_{PRO}$	15.13	23.72	35.80	25.35
ISP$_{BEN}$	13.00	14.30	36.63	36.06
ISP$_{TOL}$	10.86	21.50	30.40	37.24

如图 6-20 和表 6-7 所示,样品表面氮元素以吡啶氮、吡咯氮、季氮和氧化氮形式存在,对应的结合能分别为(398.6±0.4) eV、(400.2±0.3) eV、(401.1±0.3) eV 和(403.5±0.5) eV。原煤表面的氮形态含量顺序为:吡咯氮＞吡啶氮＞季氮＞氧化氮。与原煤相比,热溶残渣表面的吡咯氮含量增加,吡啶氮含量减小;并且醇类溶剂溶出吡啶类的效果较好,这与吡啶与吡咯的结构有关。吡啶是吸电子共轭结构,而吡咯是供电子共轭结构。吡啶 N 原子上 $sp2$ 杂化轨道未参与成键,被一对孤对电子占据,使吡啶具有碱性,而吡咯呈弱酸性,因此吡啶容易与弱酸性的醇类发生作用而被溶出。同时,在热溶物中检测到部分吡啶和吡咯类化合物及少量氮氧化合物,未检测到季氮类化合物。另外,有机氮化物在热溶过程中可能相互转化,具体机理较为复杂。

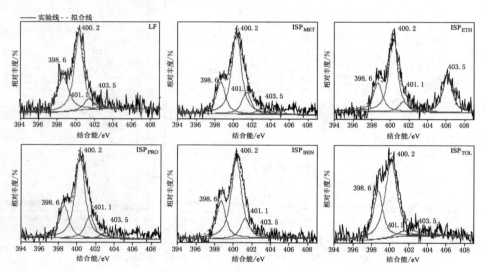

图 6-20　临汾原煤及其热溶残渣的 N 1s XPS 谱图

表 6-7　临汾原煤及其残渣中有机氮形态相对含量　　　单位:%

样品	氮形态			
	吡啶氮	吡咯氮	季氮	氧化氮
LF	33.47	56.45	7.61	2.46
ISP_MET	19.31	71.72	6.41	2.56
ISP_ETH	25.61	69.37	5.02	0.00
ISP_PRO	22.17	61.42	12.26	4.13
ISP_BEN	25.78	60.85	13.37	0.00
ISP_TOL	30.94	63.10	4.54	1.42

图 6-21 为临汾原煤及其热溶残渣的 S 2p XPS 谱图。样品表面的硫元素以硫醇或硫酚、噻吩、亚砜、砜和硫酸盐形态存在,对应的结合能分别是(163.3±0.4)eV、(164.1±0.2)eV、(165.8±0.5)eV、(168.0±0.2)eV 和>168.7 eV,其相对含量见表 6-8。褐煤表面有相当一部分硫以脂肪硫和砜类、亚砜类形态存在,而 LF 表面硫以芳香硫为主,相对含量为 91.76%,极少量以硫醇、硫醚、砜类和亚砜类硫式存在。热溶后,ISP_{PRO} 和 ISP_{BEN} 表面出现大量硫酸盐,可能是气体硫化物(如 H_2S、COS 和 CH_4S)与煤中—OH/—OR 作用生成亚硫酸类化合物(RSO_3R'/HSO_3R),进一步反应生成硫酸盐。

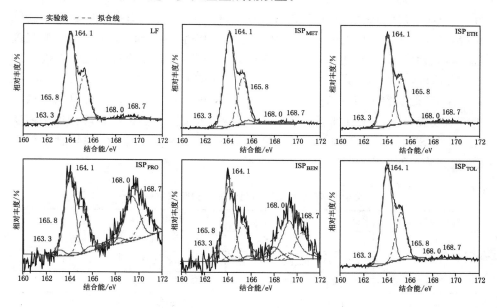

图 6-21 临汾原煤及其热溶残渣的 S 2p XPS 谱图

表 6-8 临汾原煤及其热溶残渣有机硫形态相对含量   单位:%

样品	硫形态				
	脂肪硫	芳香硫	亚砜	砜	硫酸盐
LF	1.87	91.76	2.06	0.67	3.64
ISP_{MET}	2.12	90.27	3.85	2.16	1.60
ISP_{ETH}	2.74	91.08	1.73	2.03	2.42
ISP_{PRO}	3.61	49.91	3.28	5.47	37.73
ISP_{BEN}	6.12	40.96	2.55	9.87	40.50
ISP_{TOL}	2.42	91.46	3.29	0.77	2.06

6.3.7　热溶残渣^{13}C NMR 分析

^{13}C NMR 被广泛用于研究煤中的碳骨架结构信息。煤中不同类型碳的化学位移(δ)和归属结构参照表 6-9。根据化学位移,煤的^{13}C NMR 谱图可分为脂肪碳区(0~90 ppm①)和芳碳区(90~200 ppm),225 ppm 附近信号为芳碳化学位移的各向异性产生的旋转边带。图 6-22 为临汾原煤及其热溶残渣的^{13}C NMR 谱图。明显地,临汾原煤和热溶残渣芳碳区的强度明显强于脂肪碳区,表明煤中碳以芳碳为主,且热溶并未能破坏煤的大分子结构。结合图 6-22 和表6-9,醇溶剂的热溶残渣(ISP_{MET},ISP_{ETH} 和 ISP_{PRO})在 13.4 ppm 出现明显的肩峰,对应于末端—CH_3的化学位移,而原煤,ISP_{BEN} 和 ISP_{TOL}并未明显的强度峰。这是由于醇类溶剂本身的烷氧基容易与煤中缩合芳环结合,使残渣中—CH_3浓度增加。化学位移为 20.2 ppm 归属于 C_{ar}—CH_3 和支链—CH_3,在 28.2 ppm 处归属于与芳碳相连的亚甲基或次甲基(C_{ar}—$C_{\alpha/\beta}$)。在原煤和残渣中都有明显的 C_{ar}—CH_3 和支链—CH_3特征峰,而 C_{ar}—$C_{\alpha/\beta}$的特征峰强度都不明显(除了 ISP_{MET})。ISP_{MET}有较高浓度的 C_{ar}—$C_{\alpha/\beta}$,这与 SP_{MET}中烷烃含量低一致,进一步说明 LF 中脂肪烃在甲醇中不易溶出。

表 6-9　不同类型碳的化学位移和归属结构[14]

化学位移/ppm	归属	结构	符号
0~22	甲基	$C_{ar/al}$—CH_3	f_{al}^*
22~50	亚甲基或次甲基	—CH_2—,—CH—	f_{al}^H
50~90	与氧相连的脂肪碳	—O—C	f_{al}^O
90~124	质子化的芳香碳	C_{ar}—H	f_a^H
124~137	桥碳	$\overset{\displaystyle\wedge}{C}$	f_a^B
137~149	烷基取代的芳香碳	C_{ar}—R	f_a^S
149~164	杂原子相连的芳香碳	C_{ar}—OR	f_a^P
164~200	羧基或羰基碳	—CO—,—COO—	f_a^O

如图 6-23 所示,通过 Peakfit 软件进行分峰拟合,原煤^{13}C NMR 谱图可进一步依照表 6-9 对 8 种不同类型碳进行分峰。不同类型碳的百分含量用其对应峰的相对峰面积表示,原煤和热溶残渣各个不同类型碳对应的相对含量见表

---

① 注:1 ppm = 10^{-6}。

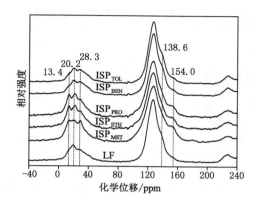

图 6-22　临汾原煤及其热溶残渣的^{13}C NMR 谱图

6-10。其中，$f_a = f_a^H + f_a^N + f_a^O$，$f_a^N = f_a^B + f_a^P + f_a^S$，$f_{al} = f_{al}^* + f_{al}^H + f_{al}^O$。对于 LF，芳碳和脂碳含量分别为 70.03% 和 29.97%，即以芳碳为主。其中，芳碳以质子芳碳（$f_a^H = 28.86\%$）和桥碳（$f_a^B = 27.17\%$）为主；脂肪碳以亚甲基和次甲基碳（$f_{al}^H = 17.27\%$）为主，甲基碳次之（$f_{al}^* = 11.58\%$）。与原煤相比，热溶残渣芳香碳含量 f_a（其中，质子芳碳含量 f_a^H 明显增加）不同程度地增加，脂肪碳含量减小。醇类溶剂的热溶残渣具有相对较低含量的烷基取代芳碳（f_a^S）和较高含量的杂原子取代芳碳（f_a^P）；同时，甲基碳含量也明显高于苯和甲苯热溶残渣。这归因于醇类溶剂有利于断裂烷基侧链，同时溶剂本身也容易与质子碳再结合得到烷氧基侧链。苯和甲苯热溶残渣中非质子芳碳含量（特别是桥头碳 f_a^B 和烷基取代芳碳 f_a^S）较高，这说明苯和甲苯对烷基侧链的溶出性较低。

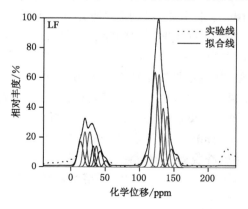

图 6-23　原煤^{13}C NMR 谱图的分峰拟合曲线

表 6-10　临汾原煤及其热溶残渣中不同类型碳相对含量

样品	相对含量/%										
	f_a	f_a^H	f_a^N	f_a^B	f_a^S	f_a^P	f_a^O	f_{al}	f_{al}^*	f_{al}^H	f_{al}^O
LF	70.03	28.86	41.17	27.17	12.25	1.75	0.00	29.97	11.58	17.27	1.12
ISP_{MET}	74.75	31.45	42.89	28.02	9.57	5.30	0.41	25.25	14.58	9.69	0.98
ISP_{ETH}	73.33	31.34	40.96	24.84	10.44	5.68	1.03	26.67	15.33	9.28	2.06
ISP_{PRO}	71.46	32.19	38.85	25.26	9.15	4.44	0.42	28.54	16.19	11.47	0.88
ISP_{BEN}	74.37	27.42	46.45	30.58	13.76	2.11	0.50	25.63	10.29	14.40	0.94
ISP_{TOL}	76.84	32.5	44.34	29.19	11.98	3.17	0.00	23.16	10.39	11.92	0.85

6.4　正丙醇热溶物的中压制备色谱分离

6.4.1　中压制备色谱分离实验方法

中压制备色谱分离具有操作简单、分离速度快、易于调整分离条件、重现性好、样品损失少和节省费用等优点,在复杂组分的分离上得到较广泛的应用,尤其用于中药和天然产物中提取有效成分。由于热溶物成分复杂,可能存在成百上千种化合物,分析难度大,需要对其进行进一步分离,以便得到更为全面的组成信息。由前面 GC-MS 分析可知,正丙醇在热溶过程中容易与煤中有机物缩合生成其他化合物,如 1,1-二丙氧基-丙烷。这些化合物的丰度非常高,压低了其他色谱峰,导致其他化合物难以检测,因此本节对正丙醇热溶物进行中压制备色谱分离并对分离馏分进行分析,以期更全面地了解热溶物的组成和结构信息。

图 6-24 表示热溶物进行梯度洗脱的流程。将临汾煤正丙醇热溶物溶于少量丙酮中,并加硅胶搅拌均匀,在水浴锅中蒸干丙酮得到干样。选用 20 mL 的色谱柱进行干法装柱:将色谱柱置于铁架台上固定,将制好的硅胶样品装入色谱柱中并使柱面平整,再加入硅胶将柱子填满,密封待用。将色谱柱固定在中压制备色谱仪上,选用石油醚(PE)和乙酸乙酯(EA)为流动相,开始清洗管路及色谱柱。设置流速为 20 mL/min 及其他色谱条件,并设置合适的梯度洗脱程序,即可进行梯度洗脱。梯度洗脱程序如下:

(1) 在前 1.5 h,用单一 PE(60～90 ℃)溶剂对样品进行洗脱得到洗脱组分 F_1 和石油醚不溶物 ISP_{PE};

(2) 在 1.5～3 h,ISP_{PE} 用 PE/EA 的体积比从 100∶0 逐渐变为 20∶1 进行洗脱。

（3）在 3～4.5 h，ISP_{PE} 用 PE/EA 的体积比从 20：1 逐渐变为 10：1 进行洗脱。

（4）在 4.5～6 h，ISP_{PE} 用 PE/EA 的体积比从 10：1 逐渐变为 5：1 进行洗脱。

（5）在 6～7.5 h，ISP_{PE} 用 PE/EA 的体积比从 5：1 逐渐变为 1：1 进行洗脱。

（6）在 7.5～9 h，ISP_{PE} 用 PE/EA 的体积比从 1：1 逐渐变为 2：1 进行洗脱。

（7）在 9～10.5 h，ISP_{PE} 用 PE/EA 的体积比从 2：1 逐渐变为 1：4 进行洗脱。

（8）在 10.5～12 h，进行洗脱 PE/EA 的体积比从 1：4 逐渐变至单一 EA 冲洗进行洗脱。

（9）继续用单一 EA 溶剂对 PE/EA 不溶物（$ISP_{PE/EA}$）进行洗脱，直到洗脱液无明显的 GC 检测出峰信号为止。将接收的洗脱液根据 GC 检测结果合并相似馏分，并将各个馏分通过旋转蒸发仪脱除溶剂得到洗脱馏分 F_1、F_2、F_3、F_4、F_5 和 F_6。

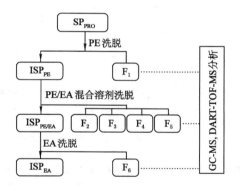

图 6-24　热溶物进行梯度洗脱的流程图

6.4.2　正构烷烃的洗脱规律

如图 6-25 所示，F_1—F_6 中偶碳烷烃的碳数范围是 C_8—C_{28}，浓度大致呈正态分布，且主峰碳数逐渐后移，从 F_1 的 C_{12} 到 F_6 的 C_{18}。利用单一 PE 溶剂洗脱得到的 F_1 中的正构烷烃集中在低碳数部分，C_{12} 的浓度最高，为 13.2 $\mu g/g$ 干煤。利用单一 EA 溶剂洗脱得到的 F_6 中正构烷烃集中在低碳数部分，C_{18} 的浓度最高，为 4.3 $\mu g/g$ 干煤。这是由于洗脱剂的极性增加，有利于高碳数烷烃的溶出。随着 PE/EA 的体积比逐渐减小，F_2—F_5 各个碳数正构烷烃的浓度不断减小，单个正构烷烃的最高浓度分别为 13.3 μg/g 干煤、12.4 μg/g 干煤、9.1 μg/g 干煤和 6.5 μg/g 干煤。

将 F1—F6 中偶碳正构烷烃的质量相加，得到总的洗脱量，如表 6-11 所示。通过与热溶物中对应正构烷烃的浓度比较。C_{14}、C_{22} 和 C_{24} 的洗脱率分别为 91.75%、92.06% 和 80.34%，这些正构烷烃大部分被洗脱出来。C_{16}、C_{18} 和 C_{20} 的洗脱率分别为 61.87%、44.14% 和 58.20%，洗脱率较低。C_{12} 的洗脱率高于 100%，这可能是由于热溶物成分复杂，出现色谱峰重叠，C_{12} 的定量偏高。总的来说，PE/EA 对热溶物中偶碳正构烷烃的洗脱效果较好。

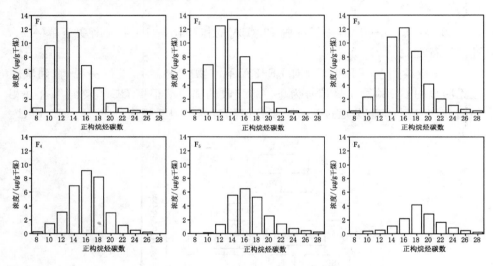

图 6-25　洗脱馏分偶碳正构烷烃的浓度

表 6-11　正丙醇热溶物中偶碳正构烷烃的洗脱率

正构烷烃碳数	总量 /μg	洗脱量 /μg	洗脱率 /%	正构烷烃碳数	总量 /μg	洗脱量 /μg	洗脱率 /%
8	—	1.48		20	26.89	15.65	58.20
10		20.79		22	8.19	7.54	92.06
12	25.24	36.28	>100	24	4.68	3.76	80.34
14	53.72	49.29	91.75	26		1.75	—
16	72.52	44.87	61.87	28	—	0.72	—
18	77.96	34.41	44.14	30		0.38	—

6.4.3　芳烃的洗脱规律

表 6-12 为 F_1—F_6 中芳烃类化合物的成分及相对含量。芳烃类化合物是 SP_{PRO} 中含量较高的一类化合物,而在 6 个馏分中并未检测到大量的芳烃。F_1 中的芳烃种类较为丰富,共检测到 24 种。其中,相对含量较高的化合物有 9H-芴、菲和芘。这 3 种化合物的都属于非极性化合物,因而易被非极性溶剂 PE 洗脱出来。F_2 中检测到 7 种芳烃化合物。随着混合溶剂中 EA 的比例不断提高,检测到的芳烃化合物减少。F_3—F_5 仅检测到一两种芳烃化合物,F_6 中未检测到芳烃化合物。大量的芳烃化合物还留在热溶物中,未被洗脱出来。

表 6-12　洗脱馏分检测到的芳烃

化合物	相对含量/%	化合物	相对含量/%
洗脱馏分 F_1		洗脱馏分 F_1	
甲苯	0.79	9,10-二甲基-1,2,3,4-四氢-蒽	0.42
2-乙基-联苯	0.56	1-甲基-7-异丙基菲	0.36
3,5,3′,5′-四甲基联苯	0.77	芘	3.13
4,5,5-三甲基-环戊-1,3-二烯基苯	1.32	1-甲基芘	0.19
1-甲基-2-(3-甲苄基)苯	0.11	4-甲基芘	0.56
1-甲基-2-(4-甲苄基)苯	0.31	洗脱馏分 F_2	
1,4,5-三甲基萘	1.85	甲苯	0.90
1,4,6-三甲基萘	0.42	1,2,3,4,5,6-六甲基苯	0.22
1,4,5,8-四甲基萘	0.80	1-异丙基-2,4,5-三甲基苯	0.33
1,2,3,4-四甲基萘	0.16	1-甲基-4-((4-丙苯基)乙炔基)苯	0.44
9H-芴	4.91	9-丙基蒽	0.24
9-甲基-9H-芴	0.57	12-甲基-7-丙基苯并蒽	0.27
菲	14.49	9-乙基-9H-芴	0.21
1-甲基菲	0.20	洗脱馏分 F_3	
4H-环戊烯并[def]菲	1.56	甲苯	0.32
蒽	0.78	异丙基苯	0.36
2-甲基蒽	1.24	洗脱馏分 F_4	
9-丙基蒽	0.43	甲苯	1.902
9,10-二甲基蒽	0.18	洗脱馏分 F_5	
		甲苯	1.78

6.4.4 有机硫化合物的洗脱规律

仅在 F_2 和 F_3 中检测到癸基亚硫酸己酯(0.44%)、甲基(对-甲苯基乙炔基)-甲基硫烷(0.28%)和 3-甲基-苯并[b]噻吩(0.89%)等 3 种含硫有机化合物。结合之前对 SP_{300} 的 GC-MS 分析,大量的有机硫化合物未被检测出来,这可能是由于有机硫化合物浓度低且洗脱率低而不能被 GC-MS 检测到。为了更清楚地认识各个馏分中有机硫化合物的种类及含量,对洗脱馏分进行 DART-TOF-MS 分析。

图 6-26 为 F_1—F_6 中有机硫化合物的等效双键数(DBE)对碳数气泡图。各洗脱馏分中有机硫化合物的碳数和 DBE 分别分布在 5~35 和 0~21。DBE 较低(0~3)的化合物大部分属于硫醇类和硫醚类;高 DBE 的有机硫化合物绝大部分属于芳环并噻吩类化合物,少量为一些其他杂原子参与形成的复杂多环化合物。F_1 中有机硫化合物的碳数和 DBE 分别主要分布在 5~16 和 0~6;F_2—F_5 中有机硫化合物的碳数和 DBE 分别主要分布在 6~30 和 0~15,有机硫化合物种类差别不大;F_6 中有机硫化合物的碳数和 DBE 分别主要分布在 5~20 和 0~11。单一石油醚有利于低碳数和低 DBE 的有机硫化合物洗脱,随着混合溶剂中极性组分乙酸乙酯比例增加,洗脱出更多高碳数和高 DBE 值的有机硫化合物。单一乙酸乙酯溶剂继续洗脱,热溶物中的有机硫化合物进一步被洗脱出来,且种类更为丰富。另外,对比热溶物和洗脱组分的 DART-TOF-MS 分析结果,热溶

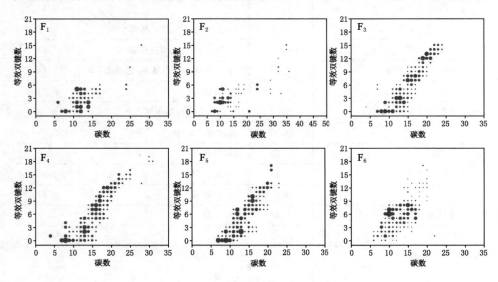

图 6-26　有机硫化合物的等效双键数对碳数气泡图

物中有机硫化合物 DBE 和碳数分别分布在 0～12 和 5～22，F_1—F_6 中出现了碳数较大和 DBE 较高的的有机硫化合物。这些化合物可能由于浓度较低，在成分复杂的热溶物中难以被识别出来。其中，DBE＝15 和 18 的有机硫化合物分别属于四环和五环并噻吩类化合物。通过 PE/EA 混合溶剂的梯度洗脱，可以检测出许多分离前难以检测到的高 DBE 有机硫化合物。

6.5　本章小结

临汾高硫煤热溶气体和热溶物产率随热溶温度升高而增加，气体产物以 CH_4、H_2 和 CO 为主。热溶物中化合物可分为脂肪烃、芳烃、含氧化合物、有机氮化合物和有机硫化合物，其中正构烷烃集中在 C_{16}—C_{19}，芳烃以两到三环的缩合芳烃（PAHs）为主，含氧有机化合物以酚、醇、醚类为主，这些化合物绝大部分以游离态镶嵌于煤大分子网络或通过弱桥键与煤骨架结构相连。

XPS 分析表明，与苯和甲苯热溶残渣相比，醇溶剂热溶残渣表面 C—O 和吡啶氮含量较低。^{13}C NMR 分析可知，醇类溶剂的热溶残渣在 13.4 ppm（末端 —CH_3）和 149～164 ppm（与杂原子相连的芳碳）出现较大的峰，这可能是由于热溶过程中醇类烷氧基与煤缩合芳环结合形成 C_{ar}—OR 基团。

临汾高硫煤可溶有机硫化合物包括硫醇、硫醚、硫酮、二硫化物、砜类、亚砜类和噻吩类化合物，其中两环到四环的噻吩类化合物含量最高。醇类溶剂对硫醇和硫醚的溶出效果较好，而苯和甲苯对三环和四环的噻吩类化合物溶出效果较好。DART-TOF-MS 分析表明热溶物中 OSCs 可分为 NOS、NS、O_2S、O_2S_2、OS、OS_2、S、S_2 和 S_3 类。S 类化合物种类丰富且含量较多，碳数和 DBE 主要分布在 10～18 和 6～9；其次，丰度较高的是 NS、O_2S 和 OS，DBE 值分布在 2～8。其他类含硫化合物含量较少，DBE 分布较广。

中压制备色谱分离可进一步将热溶物中化合物进行富集，偶数碳的正构烷烃为各个馏分的主要成分，随着石油醚/乙酸乙酯体积比不断减小，馏分中的偶碳正构烷烃的浓度逐渐减小，且碳数逐渐增加。DART-TOF-MS 分析表明，单一石油醚洗脱有利于低碳数和低 DBE 的有机硫化合物的洗脱，随着混合溶剂中极性组分乙酸乙酯比例增加，洗脱出更多高碳数和高 DBE 值的有机硫化合物。通过中压制备色谱分离，可以检测出许多分离前难以检测到的高 DBE 的有机硫化合物。

第 7 章　褐煤中有机氧和有机氮与水的氢键作用研究

　　褐煤中含有大量水分,蒙东地区褐煤全水分高达 30%[175,176],而软褐煤的含水量甚至高达 60%以上[177]。褐煤如此高的水分是由于褐煤表面与水分子之间存在较强的相互作用。这些作用包括煤孔隙结构中水分子的表面张力、水分子与煤骨架结构之间的范德瓦耳斯力以及水分子与褐煤表面官能团形成的氢键作用力等[178]。为了探究水分子在褐煤中的具体赋存状态和物理化学作用机制,许多学者做了大量的研究。

　　如图 7-1 所示,根据水分存在形态不同,褐煤中水分可分为外在水、孔隙水、分子水、结晶水[179]。Allardice 等[180]测定了维多利亚褐煤平衡含水量和水蒸气饱和蒸气压的关系等温线,发现为 S 形脱附等温线,这是凝结的蒸气从多孔吸附剂中脱附的典型特征。基于以上解释,他们将褐煤中的水大致分为四类:体相水、毛细管水、多层水和单层水。Norinaga 等[181,182]通过对褐煤的差示扫描量热实验和核磁共振(¹NMR)分析认为褐煤水分可分为可结冰水和不冻水两大类。褐煤中水分包含内在吸附水、表面吸附水、毛细管水、微粒间隙水以及附着水。Huang 等[183]基于 Lennard-Jones 固液电位方程和 Clausius-Clapeyron 方程提出了一个褐煤解吸水能量的量化预测模型,并通过实验得到验证。

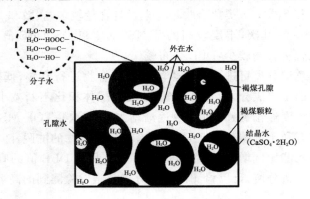

图 7-1　褐煤中不同形态水示意图[179]

　　研究表明[184],水能与褐煤中大量存在的羟基和羧基等含氧官能团通过氢键作用形成水分子层。在水充足的情况下,这些单层的水分子层又能够通过氢键作用向外形成更多的水分子层。这些水分子与褐煤的结合能力较强,作用力稳定,排列相对整齐,因此分子水的脱除比较困难,并且随着水分子层的增加,分子水的脱除所需的能量增加,脱水更加困难。分子水析出所需能量与煤的化学性质有关,受煤中含氧官能团的类型和数量、水分子膜层数以及水分子膜与含氧官能团间氢键的数量影响。褐煤中杂原子(O 和 N 等)和水分含量高,两者之间主要以氢键形式相互作用,形成大量难以脱除的分子水,这也是制约褐煤利用的一个重要原因。

　　本章总结了褐煤中氢键作用和量子化学计算方法在煤化学及氢键研究中的应用,在前期褐煤温和热溶解聚及可溶有机质组成和结构研究的基础上,选择褐煤中代表性的含氧和含氮官能团,构建能够代表褐煤有机氧和有机氮赋存形态的模型化合物,采用量子化学计算方法研究其与水的氢键作用,探究褐煤中有机氧和有机氮化合物的持水结构特性,从而从分子水平上了解褐煤中分子水的赋存形态,为有的放矢地开发褐煤高效脱水提质技术提供理论依据。

7.1　褐煤中的氢键作用

　　氢原子与呈电负性的原子 X 共价结合时,共用的电子对强烈地偏向 X 的一边,使氢原子带有部分正电荷,能再与另一个电负性高而半径小的原子 Y 结合形成的 X—H…Y 型的键,即氢键。氢键对物质的溶沸点和溶解性等物理化学性质都有着重要的影响。氢键研究涉及氢键键长,即 H…Y 距离的变化,在弱氢键中表现尤为突出。由于空间位阻和其他竞争力的存在,很多氢键键角即∠XHY 处于 150°～180°之间,通常情况下不会小于 90°。氢键键能是指 X—H…Y 分解成X—H 和 Y 两部分所需要的能量,氢键键能的理论计算值范围为 0.2～40 kcal/mol,如 HF₂ 中 F—H…F 的氢键键能可达 40 kcal/mol[185]。李权和黄方千等[186,187]探讨了含氮类小分子化合物与水分子形成氢键复合物的结构与性质。Hammami 等[188]结合密度泛函理论、分子中的原子理论和自然键轨道理论阐述了尿素与水分子间的氢键作用机理。

　　一般认为,煤中非共价键力主要是氢键作用力和 π-π 相互作用力,而色散力和范德瓦耳斯力也在一定程度上起作用,这些非共价键力有时也称为物理交联剂。考虑到褐煤中含有大量的—OH 和—COOH 等含氧官能团,存在大量氢键是其非常重要的特征,并且氢键在褐煤大分子网络结构中起着重要作用。Larsen[189]曾估算过,煤中以氢键为代表的非共价键作用力是共价键作用力的 4倍,在褐煤中可能会有更高的倍数。褐煤中的氢键对其溶胀行为、热解行为和反应性等性质也有很大影响。

陈茂等[190]采用真空红外光谱技术直接观察到了碳含量为 $73\% \sim 88\%$（无水无灰基）的 4 个煤样及其溶剂抽提物中羟基的不同缔合类型，并通过原位热解红外技术研究了它们的热稳定性，顺序为 OH…π<OH…N<OH 自缔合$\leqq$环状四聚体 OH<OH…醚氧。李文等[191]用原位漫反射红外技术测定了煤中水分的—OH 含量，并运用公式计算了加热脱水过程中由氢键引起的焓变。Miura 等[192]使用 FTIR 和 DSC 相结合的方法发现煤中弱的氢键在加热至 $150 \sim 200$ ℃时断裂，可以抑制含氧官能团之间生成水和 CO_2 的交联反应。这些工作对于进一步研究氢键的强度和定量问题都具有十分重要的意义。

7.2 量子化学计算方法在煤化学及水中氢键研究中的应用

近二十年，量子化学计算方法在煤化学研究中的应用日益增多，逐渐成为揭示煤转化过程中复杂机理的重要研究手段。一方面应用分子力学和量子化学这种得到大量实践检验的理论工具对煤的微观化学性质进行研究，可定性或定量地分析煤大分子结构的成键特征及其在化学反应或物理作用中的变化，从而得出有关反应性的信息，为煤的高效洁净利用提供理论指导；另一方面，应用量子化学方法能够解释实验现象，从本质上认识反应过程，并通过对反应过程的理解认识煤结构，同时也可以预测一些实验条件下难以完成的结果，为实验方案的设计提供参考。

Olivella 等[193]采用从头算的 CASPT2 和 CASSCF 方法对苯氧基自由基热裂解生成 CO 的两种可能的路径进行了研究。Liu 等[194]认为 Olivella 等采用的 $6 \sim 31G(d, p)$ 基组得到的数据不够精确，因此他们采用精确的从头算法和多步 RRKM 对甲氧基热解过程中的势能面和反应速率常数进行计算，计算数值更加接近实验值。Parthasarathi 等[195]以苯酚为煤中模型，研究了分子内氢键的相互作用。

由于水在无机材料、超分子体系、生物分子和化学工程中的重要性，用量子化学理论与计算方法来研究水与不同主体的氢键作用机理及水的聚集形态受到人们的重视[196,197]。众多研究表明，一方面，水簇可以在有机分子之间形成桥，水簇与有机分子形成的氢键对于超分子构型的稳定起到重要的作用[198]；另一方面，在有机分子的紧密堆积过程中，会形成一些有适当尺寸的空穴，水分子簇可以在其中起到填充空穴的作用[199]。Oxtoby 等[200]研究了水簇与 1,4-二氢喹喔啉-2,3-二酮及其三种同系物之间的氢键作用，他们认为这些化合物含有亲水的草酰胺基团可以与水分子形成氢键，但同时又含有疏水的芳环，因此水不可能与这些化合物形成强的氢键从而形成三维尺度结构，而是形成离散的水簇。Bellam 等[201]在 N-(2-羟基苯甲基)-l-谷氨酸聚合物中发现了螺旋状的水链团簇。Kannan 等[202]在磷化的三聚氨基酸聚合物上找到了水的膜状团簇。

目前,量子化学应用于煤中氢键的研究还比较少,主要原因有两方面:一是量子化学所处理体系的分子结构必须是均一和确定的,而煤的分子结构复杂多样,至今仍没有一个统一的理论模型;二是量子化学对周期性的无限分子(晶体)和小分子结构体系具有独特的优势,可以很好处理,但对非周期性的、无定型的大分子结构体系处理效果并不好,计算精度差且处理较为困难,而煤的分子结构恰恰是非周期性、无定型的大分子结构体系。正是这些因素限制了量子化学在煤化学中的应用,但它对揭示煤分子结构特征仍然具有其他方法无可比拟的优势。汤海燕等[203]构建了褐煤模型化合物,探究其与水相互作用及热解特性,并阐明了模型化合物的取代基效应对含氧官能团持水性能的影响。借助量子化学计算的方法有望从理论上揭示水与褐煤中含氧和含氮有机化合物形成氢键的几何构型及褐煤中水的存在形态。

7.3　计算方法

以两种褐煤的可溶有机氧和有机氮化合物为依据,从量子化学计算特点出发,设计了以下计算方案:

(1)针对褐煤可溶含氧有机化合物中酚类化合物含量高的特点,以苯酚为褐煤中酚类模型化合物,探究其与水分子的氢键相互作用。

(2)选择煤中具有代表性的 24 个有机氧化合物和 14 个有机氮化合物,计算其与水分子的相互作用,考察褐煤中不同杂原子官能团与水形成氢键的能力和特点。

(3)将褐煤的基本结构单元应用于计算当中,依据有机氧和有机氮在基本结构单元中的不同形态特征,构建有机氧褐煤基本结构单元模型化合物(UMO)和有机氮褐煤基本结构单元模型化合物(UMN),如图 7-2 所示。探究构建的褐煤结构单元与水分子的作用,考察分子水在褐煤中的存在形态和结构特征。

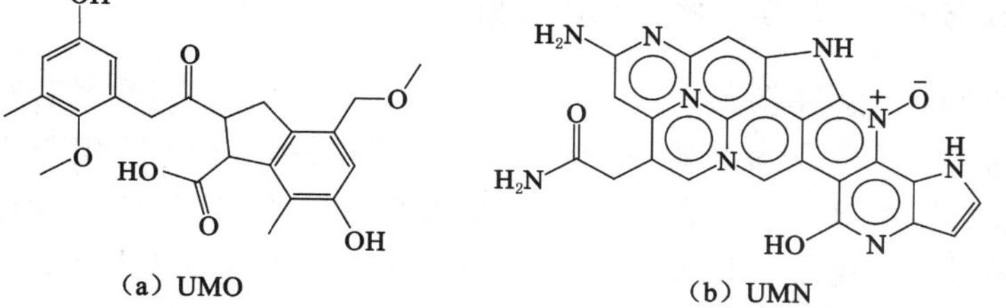

(a) UMO　　　　　　(b) UMN

图 7-2　有机氧和有机氮褐煤基本结构单元模型化合物

密度泛函理论方法如 B3LYP 和 M06-2X 已广泛应用于氢键计算当中。针对不同体系特征,考虑计算精度和效率,选择不同方法基组。因此,本研究在 B3LYP/6-311++G＊＊水平上对苯酚与水分子形成的 1∶1、1∶2 和 1∶3 的氢键复合物进行计算;对不同的有机氧和有机氮官能团小分子,在 M06-2X/6-311+G＊水平上计算其与单个水分子的氢键作用;对 UMO 和 UMN,在 M06-2X/6-31+G＊水平上计算其与水分子的氢键相互作用。所有计算都进行优化和频率分析,得到无虚频的稳定构型。

在计算氢键复合物的相互作用能 ΔE 时,需考虑基组重叠误差(E_{BSS})和零点振动能(E_{ZP})校正。构成复合物的分子数为两个时,校正的相互作用能 $\Delta E'$ 和 $\Delta E''$ 计算公式为:

$$\Delta E = E_{complex} - E_{water} - E_{monomer}$$

$$\Delta E' = \Delta E + E_{BSS}$$

$$\Delta E'' = \Delta E + E_{BSS} + \Delta E_{ZP} = \Delta E' + \Delta E_{ZP}$$

式中,$E_{complex}$ 为复合物体系的能量;E_{water} 为单个水分子的能量;$E_{monomer}$ 为模型化合物单体的能量。

分子间基组重叠误差校正公式为:

$$E_{BSS} = (E_A - E_{A,bAB}) + (E_B - E_{B,bAB})$$

式中,E_A 为 A 基组下 A 的能量;E_B 为 B 基组下 B 的能量;$E_{A,bAB}$ 为 A、B 基组下 A 的能量;$E_{B,bAB}$ 为 A、B 基组下 B 的能量。

构成复合物分子数为 n 个时:

$$\Delta E = E_{complex} - (n-1)E_{water} - E_{monomer}$$

$$E_{BSS} = E_1 - E_{1'} + E_2 - E_{2'} + \cdots + E_n - E_{n'}$$

式中,E_n 为 n 基组下 n 的能量;$E_{n'}$ 为复合物 $1, 2, \cdots, n$ 基组下 n 的能量。

7.4　苯酚-水簇复合物氢键结构与性质

7.4.1　苯酚-$(H_2O)_n$ 复合物的氢键结构

如图 7-3 所示,苯酚与 H_2O 可形成 6 个稳定的 1∶1 氢键复合物。根据氢键类型,苯酚—(H_2O) 复合物可分为 4 类:① 酚羟基上 O—H 键与水分子中 O 原子的相互作用,P_{1-1};② 酚羟基中 O 原子与水分子中 O—H 键的相互作用,P_{1-2};③ 苯环上 π 电子云和水分子之间的相互作用,P_{1-3};④ 苯环上 C—H 键与水分子中 O 原子的相互作用,P_{1-4}、P_{1-5} 和 P_{1-6}。

表 7-1 为苯酚-(H_2O) 复合物的能量参数。P_{1-1} 中酚羟基的 O—H 键作为质

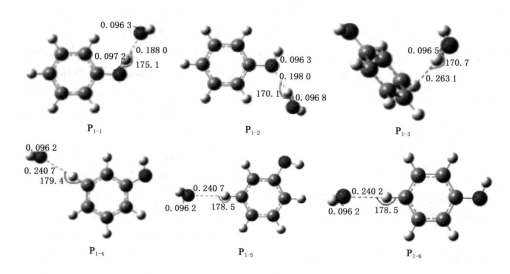

图 7-3　苯酚-(H_2O)复合物的氢键结构(键长单位为:nm;键角单位为:°)

子供体,水的 O 原子作为质子受体,形成一个 O—H⋯O 强氢键,其氢键相互作用能为-17.56 kJ/mol。6 个稳定复合物以 P_{1-1} 中的氢键作用最强。P_{1-2} 中酚羟基的 O 原子作为质子受体,水分子的 O—H 键作为质子供体,形成一个O⋯H—O 氢键,其相互作用能为-8.73 kJ/mol。P_{1-3} 中苯酚中的 π 电子云和水分子之间相互作用,形成一个 π⋯H—O 氢键,其作用能为-3.41 kJ/mol。P_{1-4}、P_{1-5} 和 P_{1-6} 中均为水分子和苯环上 C—H 键形成一个 C—H⋯O 弱氢键,相互作用能很低,趋近于零。P_{1-4}、P_{1-5} 和 P_{1-6} 主要区别为水分子在苯环上的分布不同,P_{1-4} 与 P_{1-5} 为间位结构,P_{1-6} 为对位结构,并且对位结构时氢键作用较弱。

表 7-1　苯酚-(H_2O)复合物的总能量 E、零点能 E_{ZP} 和相互作用能 ΔE、$\Delta E'$、$\Delta E''$

复合物	E /a. u.	E_{ZP} /(kJ/mol)	ΔE /(kJ/mol)	$\Delta E'$ /(kJ/mol)	$\Delta E''$ /(kJ/mol)
P_{1-1}	$-384.028\,701$	336.86	-30.04	-25.60	-17.56
P_{1-2}	$-384.024\,072$	335.78	-17.88	-15.68	-8.73
P_{1-3}	$-384.020\,989$	332.69	-9.788	-7.29	-3.41
P_{1-4}	$-384.019\,889$	332.95	-6.90	-4.55	-0.42
P_{1-5}	$-384.019\,678$	332.63	-6.35	-4.03	-0.22
P_{1-6}	$-384.019\,526$	332.44	-5.95	-3.66	-0.04

从表 7-1 的结构参数中可以看出，氢键作用越强，所形成的氢键键长就越短。6 种复合物的平均氢键键角为 175.4°，接近线性氢键键角。与水分子单体相比，P_{1-1}、P_{1-2}、P_{1-3}、P_{1-4}、P_{1-5} 和 P_{1-6} 中水分子的 O—H 键长分别增加了 0.000 2 nm、0.000 7 nm、0.000 4 nm、0.000 1 nm、0.000 1 nm、0.000 1 nm（水分子单体 O—H 键键长为 0.096 1 nm）。P_{1-2} 中酚羟基上 O—H 键长与苯酚单体相比增加了 0.000 9 nm（苯酚单体 O—H 键长为 0.096 3 nm），说明氢键的形成削弱了水分子和酚羟基上的 O—H 键强度。

如图 7-4 所示，苯酚-$(H_2O)_2$ 复合物存在 10 个稳定异构体。根据其结构特征，苯酚-$(H_2O)_2$ 复合物可分为四类：① 两个水分子同时与酚羟基作用，P_{2-1}；② 一个水分子与酚羟基中 O—H 键作用，P_{2-2}、P_{2-3}、P_{2-4} 和 P_{2-5}；③ 一个水分子中 O—H 键与酚羟基中 O 作用，P_{2-6}、P_{2-7} 和 P_{2-8}；④ 无水分子与酚羟基作用，P_{2-9} 和 P_{2-10}。

表 7-2 为苯酚-$(H_2O)_2$ 复合物的能量参数。P_{2-1} 中两个水分子与酚羟基同时作用形成环状水链结构，共有三个 O—H…O 氢键，氢键作用能为 -44.02 kJ/mol，为最稳定的苯酚-$(H_2O)_2$ 复合物。P_{2-2}、P_{2-3}、P_{2-4} 和 P_{2-5} 均为一个水分子中的 O 原子与酚羟基上的 O—H 键相连，形成 O—H…O 氢键，而第二个水分子与苯环上 C—H 键相连，形成的一个弱的 C—H…O 氢键。经基组重叠误差 E_{BSS} 和零点振动能 E_{ZP} 校正后，P_{2-2}、P_{2-3}、P_{2-4} 和 P_{2-5} 与 P_{2-1} 能量差分别为 20.67 kJ/mol、26.97 kJ/mol、27.36 kJ/mol 和 27.58 kJ/mol。由此可见，除酚羟基上连接的一个水分子外，当第二个水分子位于邻位（P_{2-2}）、间位（P_{2-3} 和 P_{2-4}）和对位（P_{2-5}）时相互作用能依次减小，且位于邻位（P_{2-2}）的水分子可与苯酚形成环状水链结构，作用能较大，复合物较为稳定。P_{2-6}、P_{2-7} 和 P_{2-8} 为一个水分子上 O—H 键与酚羟基上 O 原子相连，形成 O…H—O 氢键，另一个水分子与苯环上 C—H 键相连，形成一个 C—H…O 氢键。同样，除酚羟基上作用的一个水分子外，当第二个水分子位于邻位（P_{2-6}）、间位（P_{2-7}）、对位（P_{2-8}）时，相互作用能依次减小。P_{2-9} 和 P_{2-10} 中水分子与酚羟基无相互作用，两个水分子间形成水链后，一个与苯环上 C—H 键作用，另一个与苯环上的 π 电子云作用形成氢键。P_{2-9} 和 P_{2-10} 氢键相互作用能分别为 -19.55 kJ/mol 和 -18.26 kJ/mol。综上可知，形成水链的苯酚-$(H_2O)_2$ 复合物结构较为稳定，并且以两个水分子同时与酚羟基作用形成的环状水链结构最为稳定。

图 7-5 为 28 个稳定的苯酚-$(H_2O)_3$ 复合物的结构参数，表 7-3 为苯酚-$(H_2O)_3$ 复合物的能量参数。苯酚-$(H_2O)_3$ 复合物的氢键相互作用能分布在 $-15.64 \sim -80.03$ kJ/mol 之间。苯酚-$(H_2O)_3$ 复合物可分为四种类型：① 3 个水分子与苯酚作用形成三水水链结构，$P_{3-1} \sim P_{3-11}$；② 2 个水分子与酚羟基作用，$P_{3-12} \sim P_{3-16}$；③ 1 个水分子与酚羟基作用，$P_{3-17} \sim P_{3-26}$；④ 酚羟基上无水分子作用，P_{3-27} 和 P_{3-28}。

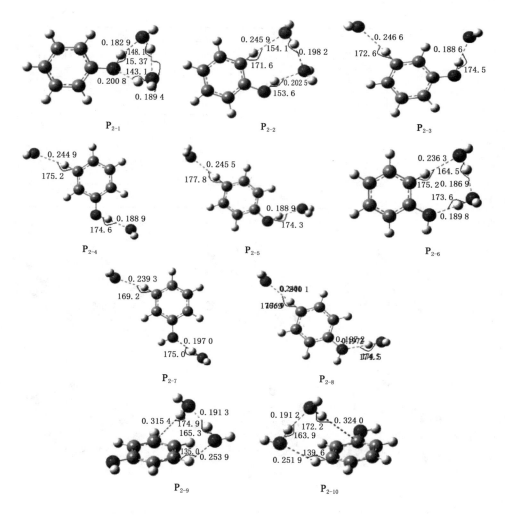

图 7-4　苯酚-$(H_2O)_2$复合物的氢键结构（键长单位为：nm；键角单位为：°）

表 7-2　苯酚-$(H_2O)_2$复合物的总能量 E、零点能 E_{ZP} 和相互作用能 ΔE、$\Delta E'$、$\Delta E''$

复合物	E /a.u.	E_{ZP} /(kJ/mol)	ΔE /(kJ/mol)	$\Delta E'$ /(kJ/mol)	$\Delta E''$ /(kJ/mol)
$P_{2\text{-}1}$	−460.503 286	404.98	−72.19	−64.27	−44.02
$P_{2\text{-}2}$	−460.493 339	400.30	−46.07	−38.91	−23.35
$P_{2\text{-}3}$	−460.489 079	395.85	−34.89	−28.16	−17.05
$P_{2\text{-}4}$	−460.489 035	396.11	−34.77	−28.03	−16.66

表 7-2(续)

复合物	E /a. u.	E_{ZP} /(kJ/mol)	ΔE /(kJ/mol)	$\Delta E'$ /(kJ/mol)	$\Delta E''$ /(kJ/mol)
P_{2-5}	$-460.488\ 823$	395.85	-34.22	-27.55	-16.44
P_{2-6}	$-460.495\ 637$	402.72	-52.11	-44.93	-26.95
P_{2-7}	$-460.485\ 665$	395.64	-25.92	-21.11	-10.21
P_{2-8}	$-460.485\ 295$	395.40	-24.95	-20.21	-9.55
P_{2-9}	$-460.491\ 014$	399.45	-39.97	-34.27	-19.55
P_{2-10}	$-460.490\ 401$	399.13	-38.36	-32.66	-18.26

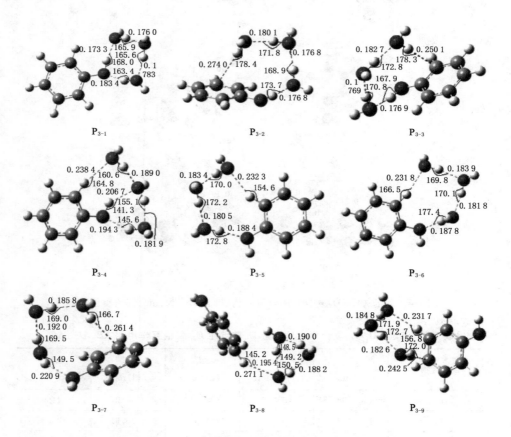

图 7-5 苯酚-$(H_2O)_3$复合物的氢键结构(键长单位为:nm;键角单位为:°)

图 7-5(续)

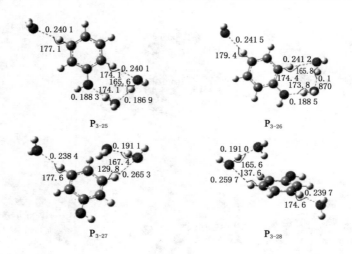

图 7-5（续）

表 7-3　苯酚-$(H_2O)_3$ 复合物的总能量 E、零点能 E_{ZP} 和相互作用能 ΔE、$\Delta E'$、$\Delta E''$

复合物	E /a. u.	E_{ZP} /(kJ/mol)	ΔE /(kJ/mol)	$\Delta E'$ /(kJ/mol)	$\Delta E''$ /(kJ/mol)
P_{3-1}	−536.982 557	472.64	−126.64	−112.02	−80.03
P_{3-2}	−536.977 443	469.85	−113.22	−98.81	−69.61
P_{3-3}	−536.975 729	468.84	−108.71	−94.94	−66.75
P_{3-4}	−536.971 514	469.14	−97.65	−85.76	−57.27
P_{3-5}	−536.967 983	468.20	−88.38	−76.35	−48.81
P_{3-6}	−536.967 552	468.41	−87.25	−74.65	−46.90
P_{3-7}	−536.963 037	466.18	−75.39	−64.43	−38.91
P_{3-8}	−536.964 737	467.36	−79.85	−69.78	−43.07
P_{3-9}	−536.964 565	465.48	−79.41	−68.26	−43.43
P_{3-10}	−536.963 871	465.37	−77.58	−66.39	−41.67
P_{3-11}	−536.963 865	465.12	−77.56	−66.39	−41.92
P_{3-12}	−536.971 049	467.15	−96.43	−85.30	−58.80
P_{3-13}	−536.963 843	463.87	−77.51	−67.30	−44.09
P_{3-14}	−536.964 003	464.01	−77.93	−67.75	−44.40
P_{3-15}	−536.964 041	464.38	−78.03	−67.71	−43.99
P_{3-16}	−536.967 171	466.58	−86.25	−74.53	−48.64

表 7-3(续)

复合物	E /a. u.	E_{ZP} /(kJ/mol)	ΔE /(kJ/mol)	$\Delta E'$ /(kJ/mol)	$\Delta E''$ /(kJ/mol)
P$_{3\text{-}17}$	−536.960 996	462.73	−70.03	−60.04	−37.97
P$_{3\text{-}18}$	−536.961 006	462.91	−70.06	−59.98	−37.72
P$_{3\text{-}19}$	−536.960 909	462.73	−69.80	−59.68	−37.60
P$_{3\text{-}20}$	−536.953 538	459.27	−50.45	−41.06	−22.44
P$_{3\text{-}21}$	−536.953 413	459.65	−50.12	−40.75	−21.75
P$_{3\text{-}22}$	−536.949 104	454.95	−38.81	−29.94	−15.64
P$_{3\text{-}23}$	−536.956 440	461.87	−58.07	−50.12	−28.90
P$_{3\text{-}24}$	−536.955 845	461.41	−56.51	−48.42	−27.66
P$_{3\text{-}25}$	−536.957 022	462.41	−59.60	−49.94	−28.18
P$_{3\text{-}26}$	−536.956 647	462.11	−58.61	−48.93	−27.47
P$_{3\text{-}27}$	−536.952 396	458.71	−47.45	−39.35	−21.30
P$_{3\text{-}28}$	−536.951 884	458.71	−46.11	−38.05	−20.00

P$_{3\text{-}1}$～P$_{3\text{-}11}$ 中三个水分子间通过氢键形成一条水链。P$_{3\text{-}1}$、P$_{3\text{-}2}$ 和 P$_{3\text{-}3}$ 为水链与酚羟基上 O—H 键作用。P$_{3\text{-}1}$ 与 P$_{2\text{-}1}$ 相似,酚羟基与水分子形成一个 O···H—O 氢键并终止于一个 O—H···O 氢键,即形成一个包含四个 O—H···O 氢键的环状水链氢键结构。P$_{3\text{-}1}$ 的氢键相互作用能是 −80.03 kJ/mol,为最稳定的苯酚-(H$_2$O)$_3$ 复合物。P$_{3\text{-}2}$ 和 P$_{3\text{-}3}$ 均为水链与苯酚形成一个 O—H···O 氢键并终止于一个 π···H—O 氢键,二者能量差仅为 2.86 kJ/mol,稳定性近似。P$_{3\text{-}4}$～P$_{3\text{-}7}$ 均为水链水分子的 O—H 键与苯酚的羟基氧作用,形成一个 O···H—O 氢键并终止于一个 C—H···O 氢键。P$_{3\text{-}4}$ 作用能较高,这主要是由于 P$_{3\text{-}4}$ 水链中的第二个水分子横跨酚羟基,与酚羟基上 O—H 键有一定氢键作用,稳定性增强。P$_{3\text{-}5}$～P$_{3\text{-}7}$ 作用方式相同,为空间几何异构,作用能相差较小,但 P$_{3\text{-}7}$ 水链横跨于苯环之上,稳定性较差。P$_{3\text{-}8}$ 是比较特殊的苯酚-(H$_2$O)$_3$ 复合物,其三个水分子之间形成一个环状水链后再与苯酚以一个弱氢键相连,相互作用能为 −43.07 kJ/mol,这说明水分子间可独自形成环状水链,并再以氢键形式与苯酚相连。P$_{3\text{-}9}$～P$_{3\text{-}11}$ 中水分子形成的水链与酚羟基无氢键作用,水链主要与苯环作用,总体氢键作用较小。

P$_{3\text{-}12}$～P$_{3\text{-}16}$ 均为两个水分子同时与酚羟基作用,第三个水分子独立出来,无三水水链结构。P$_{3\text{-}12}$～P$_{3\text{-}15}$ 为两个水分子与酚羟基作用形成类似于 P$_{2\text{-}1}$ 中的二水环状水链,第三个水分子分别位于水链环上(P$_{3\text{-}12}$)和苯酚的对位(P$_{3\text{-}13}$)和间位(P$_{3\text{-}14}$ 和 P$_{3\text{-}15}$)上。P$_{3\text{-}12}$、P$_{3\text{-}13}$、P$_{3\text{-}14}$ 和 P$_{3\text{-}15}$ 的作用能依次为 −58.80 kJ/mol、

−44.09 kJ/mol、−44.40 kJ/mol 和 −43.99 kJ/mol。P_{3-12} 较为稳定,说明水分子之间越紧凑,其氢键作用越强。P_{3-16} 水分子的作用位点与 P_{3-12} 相同,其主要区别在于酚羟基上两个水分子间并没有形成二水水链,其作用能比 P_{3-12} 小 10.16 kJ/mol,说明环状水链结构更稳定。

P_{3-17}～P_{3-26} 均为酚羟基仅与一个水分子作用,其中 P_{3-17}～P_{3-22} 为水分子上 H 原子与酚羟基上 O—H 键作用,平均氢键相互作用能为 −28.85 kJ/mol,而 P_{3-23}～P_{3-26} 为水分子上 O—H 键与酚羟基 O 原子作用,平均氢键相互作用能为 −28.05 kJ/mol,这说明水分子与酚羟基上 O—H 键之间的氢键作用大于与酚羟基 H 原子之间的氢键作用。P_{3-17}～P_{3-19} 中二水水链与 π 电子云作用,P_{3-20} 和 P_{3-21} 中二水水链与苯环上的羟基作用,两种氢键结构平均相互作用能相差 15.67 kJ/mol。此外,P_{3-22} 的氢键结合能为 −15.64 kJ/mol,为三水复合物中氢键作用最小的结构,主要是由于水分子间无氢键作用和水链结构,这说明水分子分散存在的稳定性最差。P_{3-23}～P_{3-26} 都有一个二水水链与 π 电子云作用,作用能相差不大,在 −28.00 kJ/mol 左右。

P_{3-27} 和 P_{3-28} 的作用能分别为 −21.30 kJ/mol 和 −20.00 kJ/mol,共同结构特征为一个水分子与苯环上 C—H 键形成一个弱的 C—H…O 氢键,另两个水分子形成一个二水水链与苯酚上 π 电子云相互作用。由于 P_{3-27} 和 P_{3-28} 中水分子与酚羟基无氢键作用,二者稳定性低于其他苯酚-$(H_2O)_3$ 复合物(无水链的 P_{3-22} 除外)。

经 E_{BSS} 和 E_{ZP} 校正后,最稳定 1:1、1:2 和 1:3 复合物(P_{1-1}、P_{2-1}、P_{3-1})氢键相互作用能分别为 −17.56 kJ/mol、−44.02 kJ/mol 和 −80.03 kJ/mol,且 P_{2-1}、P_{3-1} 都是水分子与酚羟基形成一个 O…H—O 氢键且终止于一个 O—H…O 氢键的环状水链构型,这表明氢键复合物的形成能力随着水分子数的增加而增加。

7.4.2 振动光谱分析

由于苯酚与水分子的作用方式不同,O—H 的振动频率变化既包含酚羟基上的 O—H 又包含水分子中的 O—H。表 7-4 给出了几种典型复合物的 O—H 对称伸缩振动频率变化和对应的红外强度。P_{1-1} 和 P_{2-3} 中氢键由酚羟基上的 O—H 键作为质子供体,主要减小的是酚羟基的对称伸缩振动频率(红移),而对应红外强度大幅度增大(单体苯酚中 O—H 的红外强度为 61.5 km/mol)。P_{1-2}、P_{1-3}、P_{1-4}、P_{2-8}、P_{2-9}、P_{3-8}、P_{3-10} 和 P_{3-28} 中氢键由水分子中 O—H 键作为质子供体,因此主要减小的振动频率是水分子中的 O—H 键,且对应红外强度 I 明显增大(单体水中 O—H 的 I 为 9.2 km/mol)。而 P_{2-1}、P_{3-1}、P_{3-4}、P_{3-12} 和 P_{3-21} 中酚羟基和水分子既作为质子供体又作为质子受体,因此酚羟基及水分子中的 O—H 对称伸缩振动频率和红外强度都发生相应变化,氢键作用较强。

总体来看,苯酚与水形成的 1∶1、1∶2 和 1∶3 的氢键复合物中作为质子供体 O—H 键的红外强度显著增大,对称伸缩振动频率大幅度红移(减小)[189-191]。此外,复合物中氢键相互作用越强,对 O—H 键的振动频率影响越大。

表 7-4　O—H 对称伸缩振动频率变化 $\Delta \nu$ 和红外强度 I

复合物	$\Delta\nu(H_2O)$ /cm^{-1}	I /(km/mol)	$\Delta\nu(Ar—OH)$ /cm^{-1}	I /(km/mol)
P_{1-1}	−7.4	17.9	−184.4	674.8
P_{1-2}	−78.2	271.5	0.8	70.3
P_{1-3}	−71.3	76.3	−2.3	67.8
P_{1-4}	−3.8	13.8	0.2	57.8
P_{2-1}	−144.8	485.2	−333.1	612.3
P_{2-3}	−5.5	17.7	−176.4	650.1
P_{2-8}	−82.0	322.2	−0.7	69.5
P_{2-9}	−163.3	325.2	−2.9	64.3
P_{3-1}	−330.0	1 088.1	−496.1	767.4
P_{3-4}	−174.3	483.4	−141.9	495.4
P_{3-8}	−214.9	609.1	−0.5	66.0
P_{3-10}	−217.9	590.7	−1.5	62.7
P_{3-12}	−278.3	691.3	−368.2	741.3
P_{3-21}	−73.3	309.5	−102.2	276.6
P_{3-28}	−166.7	344.3	−2.5	61.1

7.4.3　自然键轨道(NBO)分析

NBO 分析可以提供氢键复合物中电子供体、电子受体的轨道信息以及两者之间作用的稳定化能 E,可用于进一步揭示分子间的相互作用,因此对苯酚-$(H_2O)_n$ 复合物进行 NBO 分析,结果如表 7-5 所示。P_{1-1} 存在苯酚中 O—H 反键 σ 轨道和水中 O 原子的孤对电子的相互作用,且 P_{1-1} 在苯酚-(H_2O) 复合物中稳定化能最大,为 44.35 kJ/mol。最稳定苯酚-$(H_2O)_2$ 复合物 P_{2-1} 存在酚羟基 O—H 键上反键 σ 轨道与水中 O 原子的孤对电子以及水中 O 原子的孤对电子与另外水中 O—H 反键 σ 轨道的相互作用,从而形成二水水链,稳定化能分布在 12.43~56.07 kJ/mol。与 P_{2-1} 相比,P_{3-1} 除存在 P_{2-1} 中两种相互作用外,还存在水中 O 原子的孤对电子与另外水中 O—H 反键 σ 轨道的相互作用,从而形成三水氢键水链,稳定化能分布在 $24.06 \sim 87.24$ kJ/mol。P_{2-1} 和 P_{3-1} 中水上 O—H 反键 σ 轨道与酚羟基上 O 原子的孤对电子的相互作用较弱,具有更小的稳定化能,12.43 kJ/mol 和 24.06 kJ/mol。由此可知,增加水分子,氢键水链增长,酚羟基中 O 原子的孤对电子与水上 H—O 反键 σ 轨道的相互作用增大。一水复合物中稳定性最差的 P_{1-4} 存在水中 O 原子的孤对电子与苯环 C—H 反键 σ 轨道的相互作用,E 为 7.95 kJ/mol。与 P_{2-1} 相比,P_{2-9} 中除水分子间相互作用外还存在苯环上的 π 电子云与水分子中 O—H 键和苯环 C—H 键与水中 O 原子的相互作用,稳定化能低,导致 P_{2-9} 稳定性较差。P_{3-22} 与 P_{3-1} 相比,只有水中 O 原子与酚羟基的 O—H 键和苯环 C—H 反键 σ 轨道的相互作用,稳定性不如 P_{3-1}。

表 7-5　苯酚-$(H_2O)_n$ 复合物的 NBO 分析

复合物	电子供体 i	电子受体 j	$E/(kJ/mol)$
P_{1-1}	$LP(O_W)$	$\sigma*(O-H_P)$	44.35
P_{1-2}	$LP(O_P)$	$\sigma*(O-H_W)$	17.91
P_{1-3}	$\pi(C-C_P)$	$\sigma*(O-H_W)$	2.89
P_{1-4}	$LP(O_W)$	$\sigma*(C-H_P)$	7.95
P_{2-1}	$LP(O_W)$	$\sigma*(O-H_P)$	56.07
	$LP(O_W)$	$\sigma*(O-H_W)$	35.61
	$LP(O_P)$	$\sigma*(O-H_W)$	12.43
P_{2-9}	$LP(O_W)$	$\sigma*(O-H_W)$	35.52
	$\pi(C-C_P)$	$\sigma*(O-H_W)$	6.19
	$LP(O_W)$	$\sigma*(C-H_P)$	3.10
P_{3-1}	$LP(O_W)$	$\sigma*(O-H_P)$	87.24
	$LP(O_W)$	$\sigma*(O-H_W)$	70.58
	$LP(O_W)$	$\sigma*(O-H_W)$	62.80
	$LP(O_P)$	$\sigma*(O-H_W)$	24.06
P_{3-22}	$LP(O_W)$	$\sigma*(O-H_P)$	41.59
	$LP(O_W)$	$\sigma*(C-H_P)$	6.74
	$LP(O_W)$	$\sigma*(C-H_P)$	6.53

注:W 表示 H_2O;P 表示苯酚。

由于氢键的形成主要是复合物中电子受体和电子供体的相互作用,因此一般伴随着两者之间的电荷转移,复合物各分子中也会发生电荷的重排。最稳定的苯酚-(H_2O)、苯酚-$(H_2O)_2$ 和苯酚-$(H_2O)_3$ 氢键复合物由质子受体转移到质子供体的电荷总量分别为 0.018 84 e、0.014 97 e 和 0.016 80 e。Mulliken 电荷分析可以看出氢键中 H 原子电荷均有不同程度的增加,如单体苯酚中酚羟基上 H13 的电荷为 0.254 e,稳定复合物 P_{1-1} 中 H13 的电荷为 0.442 e,P_{2-1} 中 H13 的电荷为 0.393 e,P_{3-1} 中 H13 的电荷为 0.464 e,这说明随着氢键复合物的形成,各单体间的电荷均发生了转移重排。

7.5　含氧和含氮官能团与单个水分子的氢键作用

7.5.1　含氧官能团氢键作用能力分析

由表 7-6 可以看出,经基组重叠误差和零点振动能矫正后,含氧官能团与单个水分子间的氢键相互作用能在 $-10.43 \sim -37.21$ kJ/mol 之间。L17 氢键作用能最小,为 -10.43 kJ/mol,这是因为呋喃中的—O—处于两个苯环间的 5 元杂环上,O 原子受苯环共轭体系影响,形成氢键能力减弱。L16 氢键作用能最大,为 -37.21 kJ/mol,这是因为—COOH 中的—OH 和 —C≡O 基团都参与到成键作用,与水分子形成一个双氢键的环状络合物,氢键作用最强。此外,单个水分子时酚羟基氢键作用总体没有羰基强,然而由前面苯酚-水簇计算表明,酚羟基既可作为氢键受体,也可作为氢键供体,且容易形成多重氢键,而羰基氧只能作为氢键受体参与成键作用,因此认为酚羟基氢键作用能力比羰基强。总的来看,在没有其他官能团干扰的情况下,含氧官能团与水分子氢键结合能力大小依次为:羧基＞酯基＞酚羟基＞羰基＞醇羟基＞醚基＞苯环 π 电子云。

当单个官能团附近还存在其他官能团时,氢键作用能将发生变化。例如当芳香醚多一个苯环作用而成苄基醚时,其作用能增加 19.77 kJ/mol(L7 和 L8),这是因为水分子同时与醚键和苯环作用而形成了双氢键。当烯酮邻位多了一个羟基时,其作用能增加 8.04 kJ/mol(L10 和 L23),这是因为水分子同时与羰基和羟基作用形成了双氢键。L5 与 L4 相比,氢键作用能并未增强,主要是因为 L4 酚羟基邻位多了一个甲基,与酚羟基上 H 原子一同作为电子供体,因而氢键作用较强。此外 L19、L22、L24 与 L7 相比,同为醚键邻位多了醚键、羟基和胺基,从而与水分子形成双氢键,氢键作用能增强。可见,当官能团附近还存在其他官能团时,不同官能团间存在协同效应,可与水分子形成多重氢键,使氢键作用能增强。

表 7-6　含氧官能团与单个水分子的相互作用能　　　　　单位：kJ/mol

编号	氧官能团···H₂O	键能	编号	氧官能团···H₂O	键能
L1		−13.10	L13		−22.42
L2		−17.38	L14		−20.05
L3		−16.20	L15		−21.63
L4		−18.50	L16		−37.21
L5		−17.49	L17		−10.43
L6		−19.45	L18		−19.00
L7		−14.35	L19		−18.18
L8		−34.12	L20		−19.45
L9		−21.91	L21		−12.29
L10		−25.73	L22		−26.32
L11		−20.53	L23		−33.77
L12		−19.45	L24		−17.65

7.5.2　含氮官能团氢键作用能力分析

由表 7-7 可以看出,经基组重叠误差和零点振动能矫正后,含氮官能团与单个水分子间的氢键相互作用能在 -13.85 kJ/mol(L7)到 -33.60 kJ/mol(L12)之间。L7 是 $-C\equiv N$ 与水分子作用,L12 则为酰胺中 $-C\equiv O$ 和 $C-NH_2$ 基团同时参与到成键作用,与水分子形成一个双氢键的环状络合物,氢键作用能最强。总的来看,在没有其他官能团干扰的情况下,含氮官能团与水分子氢键结合能力大小依次为:酰胺>吡啶氧>吡啶>喹啉>苯胺>咔唑>吡咯>苯腈。此外,当单个氮原子的氮杂环转换为包含多个氮原子的氮杂环时,氢键作用能增强。例如 L8 与 L3 比六元氮杂环多包含一个 N 原子,其氢键作用能增加 2.78 kJ/mol,而此处水分子仅与一个 N 原子作用。同样,当单个官能团附近存在其他官能团时,如 L5、L12、L13 和 L14,两个官能团与单个水分子形成双氢键,官能团间存在协同效应,使氢键作用能增强。

表 7-7　含氮官能团与单个水分子的相互作用能　　　　　单位:kJ/mol

编号	含氮官能团…H_2O	键能	编号	含氮官能团…H_2O	键能
L1		-14.35	L8		-30.28
L2		-17.85	L9		-23.48
L3		-27.50	L10		-23.17
L4		-30.08	L11		-29.11
L5		-19.08	L12		-33.60
L6		-23.18	L13		-26.97
L7		-13.85	L14		-24.25

7.6 有机氧分子结构单元与水分子的氢键作用

7.6.1 UMO 单体结构与性质

单体 UMO 的优化结构和分子静电势图（MEP）如图 7-6 所示，MEP 可有效预测分子表面的亲电和亲核反应位点[180,189]。分子表面静电势的大小可由不同颜色表示，并可由水平颜色标尺定性，空间某点颜色越偏深红（见二维码彩图所示），表示净电荷为负值且越小，越可能是亲电反应的位点；颜色越偏深蓝表示净电荷为正值且越大，越可能是亲核反应位点。UMO 的静电势图表明其静电势在 $-6.403\ e^{-2}$ 到 $6.403\ e^{-2}$ 之间，且 O 原子周围的静电势偏深红，为负值，即带正电荷的微粒与其有较强的相互作用，容易与之靠近，较易与水分子上 H 原子形成氢键。而羟基 H 原子周围静电势偏深蓝，为正值，即带负电荷的微粒容易与之靠拢，较易与水分子上 O 原子形成氢键。UMO 上—COOH 处颜色最深，且邻近还有—C＝O、—O—和—OH 基团，可能存在协同效应，即此处可形成较强氢键，因此后续 UMO-$(H_2O)_n$ 结构构建水分子以从—COOH 开始放置。

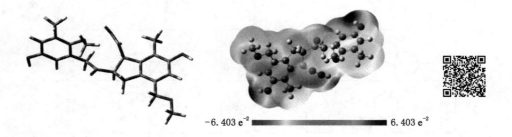

$-6.403\ e^{-2}$ $6.403\ e^{-2}$

图 7-6　单体 UMO 的优化结构和分子静电势图（MEP）

为了深入了解 UMO 的分子结构本质，用分子中的原子理论（AIM）对 UMO 的电子密度拓扑参数进行分析，如图 7-7 所示。可以看出，UMO 三个分子内氢键均为 O—H…O 型氢键，存在 3 个氢键鞍点，均为 UMO 中含氧官能团与邻近 H 原子的相互作用。其电子密度 ρ 为 0.013 1 a.u.、0.010 8 a.u. 和 0.040 0 a.u.，电子密度的拉普拉斯算子 $\Delta\rho$ 为 0.048 4 a.u.、0.040 1 a.u. 和 0.040 0 a.u.，均在氢键基本标准[204] 0.002～0.045 a.u. 和 0.024～0.150 a.u. 范围内，为弱氢键。上述计算均在同种水平 M06-2X/6-311＋G＊＊上进行。

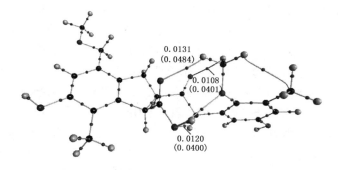

图 7-7　UMO 分子的 AIM 拓扑分析图

7.6.2　UMO-$(H_2O)_n$ 的结构与性质

如图 7-8 所示,水分子数由—COOH 位开始"生长",最终 UMO 与 H_2O 可形成 16 个稳定的氢键复合物(水分子数 $n=1\sim16$),可以看出,复合物的氢键结构具

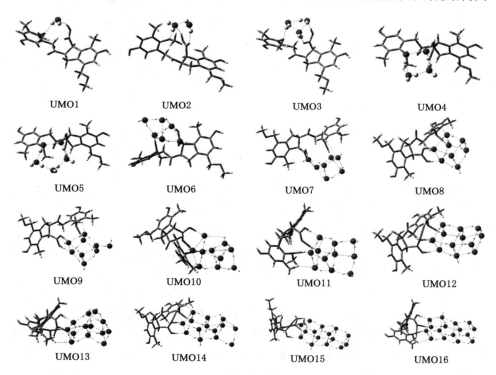

图 7-8　UMO-$(H_2O)_n$ 复合物的氢键结构($n=1\sim16$)

有水笼团簇的结构特点。表 7-8 为 UMO-$(H_2O)_n$ 氢键复合物的能量参数，可以看出随着水分子数的增加，分子间的相互作用能 $\Delta E''$ 逐渐增大，而单个水分子所受平均氢键作用能 E_W 略有减小。UMO1 为—COOH 和—O—与单个水分子发生协同效应而形成双氢键，其氢键相互作用能最小，为 -46.38 kJ/mol；而其单个水分子所受平均氢键作用能 E_W 却最大，值与 $\Delta E''$ 相同，为 -46.38 kJ/mol。UMO2 中，两个水分子除与 UMO 中含氧官能团—COOH 和—O—作用外，水分子之间还形成了分子内氢键，$\Delta E''$ 为 -68.52 kJ/mol，而 E_W 为 -34.26 kJ/mol，与 UMO1 比略有减小。UMO3 三个水分子间首先形成三水环状水链，而后各自与 UMO 中—COOH 和—O—作用形成氢键，其 $\Delta E''$ 为 -124.74 kJ/mol，而 E_W 为 -41.58 kJ/mol，比 UMO2 大，表明水分子间的氢键作用开始对复合物总体氢键产生影响。UMO4 为四个水分子间首先形成四水环状水链，而后各自与 UMO 中—COOH、—O— 和—CH$_3$ 作用形成氢键，其 $\Delta E''$ 为 -160.65 kJ/mol，而 E_W 为 -40.16 kJ/mol。

表 7-8　UMO-$(H_2O)_n$ 氢键复合物的相互作用能 $\Delta E''$ 和单个水分子平均作用能 E_W

UMO-$(H_2O)_n$	$\Delta E''$/(kJ/mol)	E_W/(kJ/mol)	UMO-$(H_2O)_n$	$\Delta E''$/(kJ/mol)	E_W/(kJ/mol)
UMO1	-46.38	-46.38	UMO9	-308.99	-34.33
UMO2	-68.52	-34.26	UMO10	-366.13	-36.61
UMO3	-124.74	-41.58	UMO11	-404.98	-36.82
UMO4	-160.65	-40.16	UMO12	-412.42	-34.37
UMO5	-188.97	-37.79	UMO13	-472.73	-36.36
UMO6	-228.83	-38.14	UMO14	-460.97	-32.93
UMO7	-262.87	-37.55	UMO15	-506.76	-33.78
UMO8	-291.55	-36.44	UMO16	-553.42	-34.59

研究表明[205]，四元水簇结构中，四元水环的能量最低，也最容易形成，这与 UMO4 结构特点一致。UMO5 为 5 个水分子间首先形成五水环状水链，而后部分与 UMO 中—COOH、—O— 和—CH$_3$ 作用形成氢键，其 $\Delta E''$ 较 UMO4 增加 28.32 kJ/mol，而 E_W 为 -37.79 kJ/mol。Ramirez 等[206]研究发现，五个水分子间可形成以四元水环或五元水环为主的氢键结构，而其中五元水环能量最低，为最稳定的构型，这与 UMO5 结构特点一致。UMO6 为六个水分子间首先形成笼状水分子团簇，而后水笼与 UMO 作用形成氢键，标志着水簇结构由二维跨入三维，且符合六元水分子团簇中笼状结构最为稳定的特点，其 $\Delta E''$ 和 E_W 较 UMO5 分别增加 39.86 kJ/mol 和 0.35 kJ/mol。

大量实验和理论研究表明[201,202,207]，水分子间单独可形成水链、水环、水袋和水笼等多种团簇结构，而笼状团簇能量有更小的趋势，更趋于稳定，较易形成。从 UMO6 至 UMO16 均为水分子在 UMO 的—COOH、—O—和—OH 等基团上形成的水笼团簇。值得注意的是，这些水笼团簇皆以 UMO4 中四元水环为基底，逐渐在纵向上"生长"，且水笼团簇中以四元水环为主要构成单元。换言之，水笼团簇中，真正与 UMO 作用的只有作为基底的四元水环，其他水分子皆靠水分子之间的氢键作用相互连接。随着水分子数的增加，复合物的氢键相互作用能 $\Delta E''$ 逐渐增加，最高可达 -553.42 kJ/mol（UMO16），而单个水分子所受平均氢键作用能 E_w 在 -32.93 kJ/mol 到 -38.14 kJ/mol 之间，平均为 -35.63 kJ/mol，小于 UMO1 到 UMO5 的 E_w 平均值 -40.04 kJ/mol，这表明当水分子数增加时起主要氢键作用的是水分子间氢键，且水分子间氢键作用强度远小于水分子与 UMO 中含氧官能团的氢键。

UMO1 为一维水分子点，UMO2 为一维水分子线，UMO3、UMO4 和 UMO5 为二维的三元、四元和五元水分子环（面）。而从 UMO6 到 UMO16 均为三维水笼（体），且 UMO6 到 UMO16 结构中四元水环在水笼团簇中所占个数依次为 4、4、6、6、7、8、11、10、12、13 和 16。此外，在 UMO7、UMO10、UMO13、UMO14、UMO15 结构中均存在一个三元水环，在 UMO13 结构中还存在一个五元水环。由此可见，UMO-$(H_2O)_n$ 结构随着水分子数的增加呈现一个点、线、面、体的"生长"规律，且复合物中水分子团簇以水笼团簇为主，水笼团簇又以三元、四元和五元水环构成，而其中四元环状构型是最主要的一种存在形式。

7.6.3　UMO-$(H_2O)_{12}$ 的结构性质分析

为了深入探究 UMO-$(H_2O)_n$ 氢键结构性质，特选择一个典型复合物 UMO12，对其进行分子静电势和 AIM 拓扑分析，如图 7-9 所示。可以看出，UMO12 的静电势在 -8.267 e^{-2} 到 8.267 e^{-2} 之间，与 UNO 相比数值范围更大，表明 UMO12 的亲电性（亲核性）有所增加。UMO12 中最外围四元水环 O 原子周围的静电势偏深红（见二维码彩图所示），为负值，表明此处亲电性更大，较易与水分子上 H 原子形成氢键。与 UMO 分子静电势图相比，UMO12 整体电负性已由含氧官能团转移到外围四元水环结构上，说明随着水分子团簇的增加，UMO 含氧官能团周围已被水分子覆盖，后续氢键主要由水分子间氢键组成。

表 7-9 为 UMO12 的键鞍点处拓扑参数，所有拓扑分析均在 M06-2X/6-311＋G＊＊水平上进行。UMO12 中主要有 25 个氢键（标号 1～25），包含 C—H…O 和 O—H…O 两个类型。UMO12 中 C—H…O 和 O—H…O 类型氢键电子密度 ρ 的范围分别为 0.006 8～0.007 9 a.u. 和 0.013 6～0.057 0 a.u.，拉普拉斯算

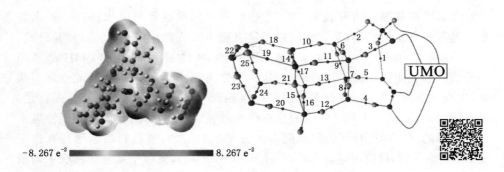

$-8.267\ e^{-2}$ $8.267\ e^{-2}$

图 7-9   UMO12 分子静电势图(MEP)和 AIM 拓扑分析图

子 $\Delta\rho$ 范围则为 $0.023\ 7 \sim 0.027\ 7$ a.u. 和 $0.052\ 9 \sim 0.147\ 8$ a.u.。可以看出，UMO12 中大部分 ρ 和拉普拉斯算子 $\Delta\rho$ 在氢键基本标准[16,98] $0.002 \sim 0.045$ a.u. 和 $0.024 \sim 0.150$ a.u. 范围内，且 C—H⋯O 为形成的典型弱氢键，O—H⋯O 为形成的典型强氢键，部分数值偏高的数据则是由计算精度所造成的误差。因此，可以认为复合物体系中存在典型氢键，且 C—H⋯O 氢键强度要小于 O—H⋯O 氢键。

表 7-9   UMO12 的键鞍点处拓扑参数

编号	类型	ρ/(a.u.)	$\Delta\rho$/(a.u.)	编号	类型	ρ/(a.u.)	$\Delta\rho$/(a.u.)
1	C—H⋯O	0.006 8	0.023 7	14	O—H⋯O	0.030 1	0.112 8
2	C—H⋯O	0.007 9	0.027 7	15	O—H⋯O	0.019 1	0.075 3
3	O—H⋯O	0.032 2	0.123 2	16	O—H⋯O	0.022 0	0.088 2
4	O—H⋯O	0.048 4	0.140 0	17	O—H⋯O	0.030 4	0.116 1
5	O—H⋯O	0.033 8	0.130 6	18	O—H⋯O	0.025 0	0.096 0
6	O—H⋯O	0.050 1	0.144 9	19	O—H⋯O	0.015 3	0.059 2
7	O—H⋯O	0.057 0	0.147 8	20	O—H⋯O	0.022 0	0.096 8
8	O—H⋯O	0.025 7	0.103 5	21	O—H⋯O	0.013 6	0.052 9
9	O—H⋯O	0.020 1	0.080 0	22	O—H⋯O	0.027 9	0.105 5
10	O—H⋯O	0.040 4	0.133 8	23	O—H⋯O	0.033 6	0.123 0
11	O—H⋯O	0.024 7	0.100 9	24	O—H⋯O	0.039 2	0.133 4
12	O—H⋯O	0.039 7	0.137 6	25	O—H⋯O	0.036 7	0.123 5
13	O—H⋯O	0.017 5	0.071 8				

图 7-10 为 UMO 和 UMO12 的前线分子轨道分析，通常，HOMO 能量代表

分子失电子的能力强弱,而 LUMO 能量代表分子得电子的能力强弱[208]。电子跃迁值 E_{gap} 则是表明化学反应性和分子动力学稳定性的指标,E_{gap} 越小分子越容易极化,即分子间电荷更容易从电子供体转移到电子受体。UMO 和 UMO12 的 LUMO 和 HOMO 均在单体 UMO 上,表明单体与水分子之间主要是通过非共价键相互作用,且以氢键作用为主。对比 UMO 和 UMO12 的前线分子轨道分析,可以看出 UMO 的 E_{gap} 更小,说明 UMO 由于含氧官能团的存在更易形成氢键。

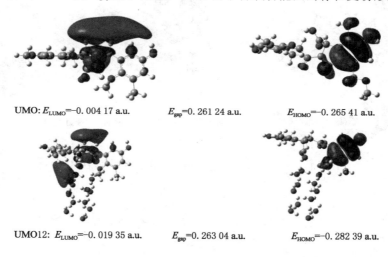

UMO: E_{LUMO}=−0.004 17 a.u.　　　　E_{gap}=0.261 24 a.u.　　　　E_{HOMO}=−0.265 41 a.u.

UMO12: E_{LUMO}=−0.019 35 a.u.　　　E_{gap}=0.263 04 a.u.　　　E_{HOMO}=−0.282 39 a.u.

图 7-10　UMO 和 UMO12 前线分子轨道(MFOs)分析图

7.7　有机氮分子结构单元与水分子的氢键作用

7.7.1　UMN 单体结构与性质

单体 UMN 的优化结构和分子静电势图(MEP)如图 7-11 所示,UMN 的静电势图表明其静电势在 −7.845 e^{-2} 到 7.845 e^{-2} 之间,且 O 原子周围的静电势偏深红(见二维码彩图所示),为负值,此处较易与水分子上 H 原子形成氢键。而胺基 H 原子周围静电势偏深蓝,为正值,此处较易与水分子上 O 原子形成氢键,但都位于缩合杂环平面边缘。UMN 结构特征为一个缩合氮杂环平面,推测可能在缩合氮杂环平面上形成水分子团簇。本章研究重点为有机氮与水分子间相互作用,而不同有机氮基团均位于氮杂环平面中,且酰胺形成氢键能力较强位于氮杂环平面之上,因此,后续 UMN-$(H_2O)_n$ 结构构建水分子以从酰胺处开始放置。

采用分子中的原子理论(AIM)对 UMN 的电子密度拓扑参数进行分析,如

图 7-12 所示。可以看出，UMN 存在 2 个分子内氢键，分别为 O—H⋯O 和 N—H⋯O 类型氢键。氢键鞍点均为 UMN 中含氧官能团与邻近 H 原子的相互作用，其电子密度 ρ 为 0.012 3 a. u. 和 0.022 7 a. u.，电子密度的拉普拉斯算子 $\Delta\rho$ 为 0.052 0 a. u. 和 0.089 2 a. u.，均在氢键基本标准[204]范围内，为弱氢键。上述计算均在同种水平上 M06-2X/6-311＋G＊＊进行。

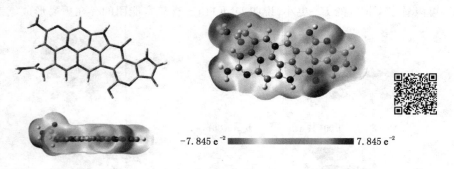

$-7.845\,e^{-2}$ $7.845\,e^{-2}$

图 7-11　单体 UMN 的优化结构和分子静电势图（MEP）

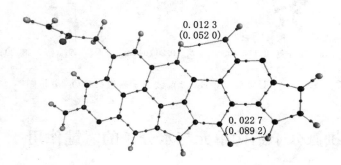

0.012 3
(0.052 0)

0.022 7
(0.089 2)

图 7-12　UMN 分子的 AIM 拓扑分析图

7.7.2　UMN-$(H_2O)_n$ 的结构与性质

如图 7-13 所示，水分子数由酰胺位点处开始"生长"，最终 UMN 与 H_2O 可形成 12 个稳定的氢键复合物（水分子数 $n=1\sim12$），可以看出，复合物的氢键结构具有水膜团簇的结构特点。表 7-10 为 UMN-$(H_2O)_n$ 氢键复合物的能量参数，可见随着水分子数的增加，分子间的相互作用能 $\Delta E''$ 逐渐增大，而单个水分子所受平均氢键作用能 E_w 总体也是先增加后略有减小。UMN1 为酰胺和氮杂环的 π-π 共轭体系与单个水分子发生协同效应而形成双氢键，其 $\Delta E''$ 最小，为 $-39.62\ kJ/mol$，与 E_w 值相同。UMN2 中，两个水分子除与酰胺和氮杂环的

π-π 共轭体系作用外,水分子之间还形成了分子内氢键,$\Delta E''$ 较 UMN1 增加了 26.88 kJ/mol,而 E_{w} 减小了 6.37 kJ/mol。UMN3 三个水分子间首先形成三水条状水链,而后各自与 UMN 作用形成氢键,其 $\Delta E''$ 为 -105.45 kJ/mol,而 E_{w} 为 -35.15 kJ/mol,比 UMN2 大,表明水分子间的氢键作用开始对复合物总体氢键产生影响。UMN4 为三个水分子与酰胺作用先形成一个四水环状构型,而后连接另外一个水分子同时与氮杂环的 π-π 共轭体系作用形成氢键,其 $\Delta E''$ 和 E_{w} 较 UMN3 分别增加了 39.56 kJ/mol 和 1.10 kJ/mol,这主要是酰胺上直接作用的有两个水分子,氢键较强。UMN5 酰胺上直接作用的有三个水分子,而后水分子之间相互作用形成了两个四元环状构型,四元环状构型同时与氮杂环的 π-π 共轭体系作用,其 $\Delta E''$ 和 E_{w} 较 UMN4 分别增加了 53.69 kJ/mol 和 3.49 kJ/mol。

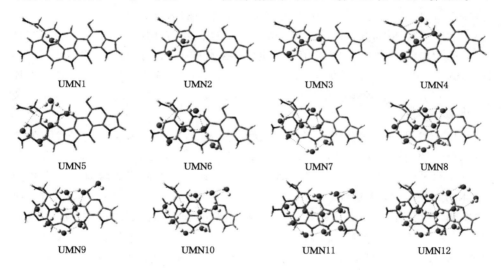

图 7-13　UMN-$(\mathrm{H_2O})_n$ 复合物的氢键结构($n=1 \sim 12$)

表 7-10　UMN-$(\mathrm{H_2O})_n$ 氢键复合物的相互作用能 $\Delta E''$ 和单个水分子所受平均作用能 E_{w}

UMN-$(\mathrm{H_2O})_n$	$\Delta E''$/(kJ/mol)	E_{w}/(kJ/mol)	UMN-$(\mathrm{H_2O})_n$	$\Delta E''$/(kJ/mol)	E_{w}/(kJ/mol)
UMN1	-39.62	-39.62	UMN7	-297.40	-42.49
UMN2	-66.50	-33.25	UMN8	-329.90	-41.24
UMN3	-105.45	-35.15	UMN9	-373.29	-41.48
UMN4	-145.01	-36.25	UMN10	-418.96	-41.89
UMN5	-198.70	-39.74	UMN11	-454.84	-41.34
UMN6	-255.00	-42.50	UMN12	-493.82	-41.15

Huang 等[183]的研究表明,水分子在煤样中可能会以水膜形式存在,然而具体到水膜的具体赋存形态却少有报道。由 UMN5 开始可以明显看到,水分子在 UMN5 中两个四元环状构型上明显以水膜的形式"生长",最终生长成具有 12 个水分子数目的水膜团簇(UMN12)。在水膜团簇中发现,含氧官能团—OH 和含氮官能团(酰胺、—N—O)中 O 原子起到边界固定作用,这是因为 O 原子比 N 原子具有更高的电负性,可形成强度更大的氢键。含氮官能团,特别是各种缩聚在一起的含氮杂环(吡啶氮、季氮、吡咯氮)共同构成一个 π-π 共轭体系,体系由于 N 原子的存在,故可以锁定水分子于杂环平面上,使水分子逐渐在横向上"生长",最终形成水膜团簇。水膜团簇主要以四元环状构型为主要构成单元,主要因为水分子构成的四元环状构型具有更低的能量,更趋于稳定,这与 UMO-$(H_2O)_n$ 中水笼特点一致。换言之,UMN 中真正与水分子作用的只有氮杂环的主体 π-π 共轭体系和边界官能团,其他水分子皆靠水分子之间的氢键作用相互连接。随着水分子数的增加,复合物的氢键相互作用能 $\Delta E''$ 逐渐增加,最高可达 -493.82 kJ/mol(UMN12),而单个水分子所受平均氢键作用能 E_w 由 -39.62 kJ/mol(UMN1)增加 -42.50 kJ/mol(UMN6),这表明当水分子数增加时起主要氢键作用的是缩合杂环与水分子氢键。

UMN1 为一维水分子点,UMN2 为一维水分子线,UMN3 到 UMN8 为二维水分子膜,UMN8 到 UMN12 为以二维水分子膜为主体的三维立体,除羟基上一个水分子外其余均在水膜平面内。从 UMN4 到 UMN12 均为二维水膜为主体的水膜团簇,且 UMN4 到 UMN12 结构中水分子的四元环状构型所占个数依次为 1、2、2、2、2、2、3、4 和 4。此外,从 UMN7 到 UMN12 均存在一个五元水环,而在 UMN8、UMN9 和 UMN12 中还存在一个三元水环。由此可见,在 UMN-$(H_2O)_n$ 结构随着水分子数的增加呈现一个点、线、面、体的"生长"规律,且复合物中水分子团簇以水膜团簇为主,水膜团簇又以三元、四元和五元水环构成,而其中四元环状构型是最主要的一种存在形式。最终水分子团簇 UMO12 中,水膜主体上有 10 个水分子,而其余 2 个水分子由于羟基作用,跌落到氮杂环平面上。

7.7.3 UMN-$(H_2O)_{12}$ 的结构性质分析

为进一步探究 UMN-$(H_2O)_n$ 氢键结构性质,特选择一个典型复合物 UMN12,对其进行分子静电势和 AIM 拓扑分析,如图 7-14 所示。可以看出,UMN12 的静电势在 -9.475 e^{-2} 到 9.475 e^{-2} 之间,与 UNN 相比数值范围更大,表明 UMN12 的亲电性(亲核性)有所增加。UMN12 外围水膜上 O 原子周围的静电势偏深红(见二维码彩图所示),为负值,表明此处较易与水分子上 H

原子形成氢键,说明随着水分子团簇的增加,UMN 含氮官能团周围已被水分子覆盖,后续氢键主要由水分子间氢键组成。此外,对比图 7-14 和图 7-9,可以发现,随着水膜团簇的形成,UMN 的缩合杂环平面发生了几何弯曲,有一平面转变为具有一定弧度的弧面,这主要是由水分子产生的氢键作用力造成的。

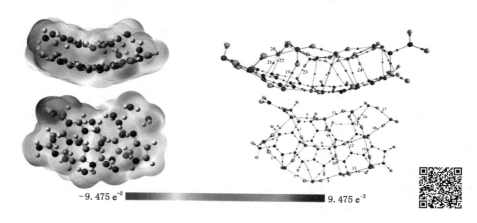

图 7-14　UMN12 分子静电势图(MEP)和 AIM 拓扑分析图

表 7-11 为 UMN12 的键鞍点处拓扑参数,所有拓扑分析均在 M06-2X/6-311＋G ＊＊水平上进行。UMN12 中主要有 24 个分子间氢键(标号 1～24),包含 O—H···O 和 O—H···N 两个类型。UMN12 中 O—H···O 和 O—H···N 类型氢键电子密度 ρ 的范围分别为 0.014 0～0.046 5 a.u. 和 0.010 1～0.035 1 a.u. ,拉普拉斯算子 $\Delta\rho$ 范围则为 0.051 7～0.135 2 a.u. 和 0.034 2～0.102 5 a.u. 。可以看出,UMN12 中大部分 ρ 和拉普拉斯算子 $\Delta\rho$ 在文献[204]报道的氢键基本标准 0.002～0.045 a.u. 和 0.024～0.150 a.u. 范围内,且 O—H···O 和 O—H···N 均为形成的典型强氢键,部分数值偏高(ρ,＋0.001 5 a.u.)则是由计算精度所造成的误差。因此,可以认为复合物体系中存在典型氢键,且 O—H···N 氢键强度要小于 O—H···O 氢键。

图 7-15 为 UMO 和 UMN12 的前线分子轨道图。可以看出,UMN 和 UMN12 的 LUMO 和 HOMO 均在单体 UMN 上,表明单体与水分子之间主要是通过非共价键相互作用的,且以氢键作用为主。此外,对比 UMN 和 UMN12 可以看出,UMN 的 E_{gap} 更小,说明 UMN 由于含氮官能团的存在更易形成氢键。UMN 和 UMN12 中 HOMO 轨道均全面覆盖氮杂环平面,表明氮杂环平面形成了 π-π 共轭体系,具有较强的非共价键作用趋势。

表 7-11　UMN12 的键鞍点处拓扑参数

编号	类型	$\rho/(\text{a.u.})$	$\Delta\rho/(\text{a.u.})$	编号	类型	$\rho/(\text{a.u.})$	$\Delta\rho/(\text{a.u.})$
1	O—H⋯O	0.021 2	0.090 6	13	O—H⋯O	0.027 9	0.105 6
2	O—H⋯O	0.035 5	0.134 4	14	O—H⋯O	0.032 2	0.116 3
3	O—H⋯O	0.023 4	0.085 7	15	O—H⋯O	0.023 7	0.101 2
4	O—H⋯O	0.014 0	0.051 7	16	O—H⋯O	0.046 5	0.135 2
5	O—H⋯O	0.019 3	0.076 7	17	O—H⋯O	0.032 2	0.120 8
6	O—H⋯O	0.029 4	0.117 5	18	O—H⋯N	0.035 1	0.102 5
7	O—H⋯O	0.015 2	0.054 5	19	O—H⋯O	0.024 1	0.094 5
8	O—H⋯O	0.025 5	0.105 2	20	O—H⋯O	0.018 6	0.077 4
9	O—H⋯O	0.020 9	0.087 3	21	O—H⋯N	0.016 7	0.060 8
10	O—H⋯O	0.038 5	0.128 5	22	O—H⋯N	0.010 1	0.034 2
11	O—H⋯O	0.029 9	0.121 4	23	O—H⋯O	0.051 4	0.139 3
12	O—H⋯O	0.027 2	0.103 7	24	O—H⋯N	0.016 8	0.057 8

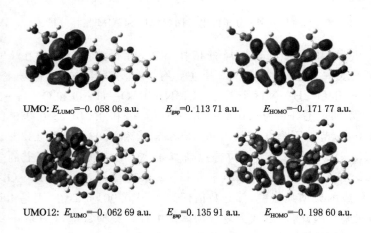

UMO: $E_{\text{LUMO}}=-0.058\ 06$ a.u.　　$E_{\text{gap}}=0.113\ 71$ a.u.　　$E_{\text{HOMO}}=-0.171\ 77$ a.u.

UMO12: $E_{\text{LUMO}}=-0.062\ 69$ a.u.　　$E_{\text{gap}}=0.135\ 91$ a.u.　　$E_{\text{HOMO}}=-0.198\ 60$ a.u.

图 7-15　UMO 和 UMN12 前线分子轨道(FMOs)分析图

7.7.4　UMO-$(\text{H}_2\text{O})_n$ 和 UMN-$(\text{H}_2\text{O})_n$ 的氢键相互作用能组成分析

为了探究水分子间氢键作用对复合物整体氢键作用的影响,特计算了复合物中水分子团簇间的相互作用能 $\Delta E''_{\text{W}}$:

$$\Delta E''_{\text{W}} = E_{\text{water clusters}} - nE_{\text{water}}$$

复合物单体与整体水簇之间的相互作用能为 $\Delta E''_{\text{C-W}}$:

$$\Delta E''_{\text{C-w}} = \Delta E'' - \Delta E''_{\text{w}}$$

UMO-$(H_2O)_n$ 和 UMN-$(H_2O)_n$ 的 $\Delta E''$、$\Delta E''_{\text{w}}$ 和 $\Delta E''_{\text{C-w}}$ 组成比例如图 7-16 所示。

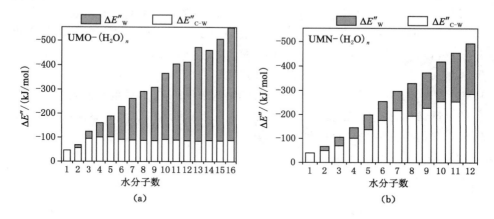

图 7-16　UMO-$(H_2O)_n$ 和 UMN-$(H_2O)_n$ 氢键相互作用能组成图

可以看出,随着水分子数的增加,复合物氢键相互作用逐步增强,且水分子间的作用占整体相互作用的比率也逐渐加强;UMO-$(H_2O)_n$ 中 $\Delta E''_{\text{w}}$ 最高可占到 $\Delta E''$ 的 84%,UMN-$(H_2O)_n$ 中 $\Delta E''_{\text{w}}$ 最高可占到 $\Delta E''$ 的 44%。这主要由两者与水分子发生相互作用的位点不同,UMO 主要由羧基、羰基和醚键的协同作用与水分子发生相互作用,UMN 主要由氮杂环平面不同氮杂环的协同作用与水发生相互作用。

7.8　本章小结

苯酚与水分子氢键作用时存在酚羟基、π 电子云和苯环上不同位置的 C—H 键三个基本位点,形成了多种结构形式的苯酚-$(H_2O)_n$ 复合物($n=1\sim3$)。复合物中酚羟基既作质子供体又作质子受体,且与体系所含水分子形成的环状水链氢键结构最为稳定。与单体相比,苯酚-$(H_2O)_n$ 复合物中酚羟基及水分子中的 O—H 键作质子供体时,其振动频率明显减小(红移),红外强度大幅度增大。

褐煤中不同有机氧和有机氮官能团与水分子的氢键结合能力不同,有机氧官能团与水形成氢键能力大小依次为:羧基>酯基>酚羟基>羰基>醇羟基>醚基>苯环 π 电子云;有机氮官能团与水形成氢键能力大小依次为:酰胺>吡啶氧>吡啶>喹啉>苯胺>咔唑>吡咯>苯腈。当富含单个氮原子的氮杂环转换为包含多个氮原子的氮杂环时,氢键作用能力增强。当单个官能团附近还存在其他官能团时,不同官能团间存在协同效应,可与水分子形成多重氢键,使氢键作用增强。

  有机氧褐煤基本结构单元模型化合物(UMO)和有机氮褐煤基本结构单元模型化合物(UMN)计算表明,褐煤中含氧官能团和含氮缩合氮杂环可与水分子形成高水分子数的 UMO-$(H_2O)_n$ 复合物($n=1\sim16$)和 UMN-$(H_2O)_n$ 复合物($n=1\sim12$)。UMO-$(H_2O)_n$ 和 UMN-$(H_2O)_n$ 复合物中水分子团簇随着水分子数的增加呈现一个点、线、面、体的"生长"规律,且不同官能团间存在协同作用。UMO 上形成以水的笼状团簇为主的氢键结构,UMN 上形成以水的膜状团簇为主的氢键结构,而水笼团簇和水膜团簇又以三元、四元和五元水环构成,而其中四元环状构型是最主要的一种存在形式。

参 考 文 献

［1］ 李昊,张守玉,李尤,等. 低阶煤干燥过程水分析出动力学行为分析[J]. 煤炭学报,2017,42(11):3014-3020.

［2］ YU J L,TAHMASEBI A,HAN Y N,et al. A review on water in low rank coals:The existence,interaction with coal structure and effects on coal utilization[J]. Fuel Processing Technology,2013,106:9-20.

［3］ 程相魁,季广祥. 低阶煤中低温分段热解提取油气资源并生产洁净固体燃料技术[J]. 煤化工,2016,44(5):7-10.

［4］ 郝玉良,杨建丽,李允梅,等. 低阶煤温和液化特征分析[J]. 燃料化学学报,2012,40(10):1153-1160.

［5］ 田原宇,申曙光,谢克昌. 煤的化学族组成研究(Ⅱ)煤的可溶化体系的优化[J]. 煤炭转化,2002,25(1):28-32.

［6］ ZHAO Z B,LIU K L,XIE W,et al. Soluble polycyclic aromatic hydrocarbons in raw coals[J]. Journal of Hazardous Materials,2000,73(1):77-85.

［7］ 秦志宏,江春,孙昊,等. 童亭亮煤 CS₂ 溶剂分次萃取物的 GC/MS 分析[J]. 中国矿业大学学报,2005,34(6):707-711.

［8］ IINO M,TAKANOHASHI T,OHSUGA H,et al. Extraction of coals with CS₂-N-methyl-2-pyrrolidinone mixed solvent at room temperature:Effect of coal rank and synergism of the mixed solvent[J]. Fuel,1988,67(12):1639-1647.

［9］ TAKANOHASHI T,YANAGIDA T,IINO M,et al. Extraction and swelling of low-rank coals with various solvents at room temperature[J]. Energy & Fuels,1996,10(5):1128-1132.

［10］ PAINTER P C,PULATI N,CETINER R,et al. Dissolution and dispersion of coal in ionic liquids[J]. Energy & Fuels,2010,24(3):1848-1853.

［11］ LEI Z P,ZHANG Y Q,WU L,et al. The dissolution of lignite in ionic liquids[J]. RSC Advances,2013,3(7):2385-2389.

［12］ 欧阳晓东,丁明洁,宗志敏,等. 神府煤石油醚萃取物组成及萃取过程分析

[J].煤炭转化,2007,30(4):9-12.

[13] KRZESINSKA M. The use of ultrasonic wave propagation parameters in the characterization of extracts from coals[J]. Fuel,1998,77(6):649-653.

[14] SHUI H F,WANG Z C,GAO J S. Examination of the role of CS_2 in the CS_2/NMP mixed solvents to coal extraction [J]. Fuel Processing Technology,2006,87(3):185-190.

[15] TIAN D M,LIU X Y,DING M J. CS_2 extraction and FTIR & GC/MS analysis of a Chinese brown coal[J]. Mining Science and Technology,2010,20(4):562-565.

[16] 华宗琪,秦志宏,刘鹏,等.超声波条件下煤中不同赋存形态小分子的溶出规律[J].中国矿业大学学报,2012,41(1):91-94.

[17] 刘缠民,宗志敏,魏贤勇,等.东胜煤超声水处理对 CS_2/NMP 萃取率的影响[J].西安科技大学学报,2008,28(1):32-35.

[18] 陈博.中低阶煤的分级变温热溶[D].徐州:中国矿业大学,2012.

[19] LIU F J, WEI X Y, GUI J, et al. Characterization of biomarkers and structural features of condensed aromatics in Xianfeng lignite[J]. Energy & Fuels, 2013,27(12):7369-7378.

[20] 鞠彩霞,徐伟,宗志敏,等.微波条件下两种煤丙酮萃取物的 GC/MS 分析[J].煤炭转化,2007,30(1):1-4.

[21] 赵小燕,曹景沛,田桂芬,等.微波辐射下神府煤 CS_2 萃取物的组成结构分析[J].化工中间体,2006(6):20-22.

[22] 岳晓明,王英华,魏贤勇,等.微波辅助下锡林浩特褐煤的 CS_2-丙酮萃取物组成分析[J].河南师范大学学报(自然科学版),2012,40(2):91-96.

[23] ONAL Y,CEYLAN K. Low temperature extractability and solvent swelling of Turkish lignites[J]. Fuel Processing Technology,1997,53:81-97.

[24] IINO M. Network structure of coals and association behavior of coal-derived materials[J]. Fuel Processing Technology,2000,62(2):89-101.

[25] SHUI H F. Effect of coal extracted with NMP on its aggregation[J]. Fuel,2005,84(7):939-941.

[26] YOSHIDA T,TAKANOHASHI T,SAKANISHI K,et al. Relationship between thermal extraction yield and softening temperature for coals[J]. Energy & Fuels,2002,16(4):1006-1007.

[27] YOSHIDA T,TAKANOHASHI T,SAKANISHI K,et al. The effect of extraction condition on 'HyperCoal' production (1)—under room-

temperature filtration[J]. Fuel,2002,81(11):1463-1469.

[28] YOSHIDA T, LI C Q, TAKANOHASHI T, et al. Effect of extraction condition on "HyperCoal" production (2)—effect of polar solvents under hot filtration[J]. Fuel Processing Technology,2004,86(1):61-72.

[29] LI C Q, TAKANOHASHI A T, SAITO I, et al. Elucidation of mechanisms involved in acid pretreatment and thermal extraction during ashless coal production[J]. Energy & Fuels,2004,18(1):97-101.

[30] TAKANOHASHI T, SHISHIDO T, KAWASHIMA H, et al. Characterisation of HyperCoals from coals of various ranks[J]. Fuel, 2008,87(4):592-598.

[31] MIURA K,SHIMADA M K,MAE K,et al. Extraction of coal below 350 ℃ in flowing non-polar solvent[J]. Fuel,2001,80(11):1573-1582.

[32] MIURA K,NAKAGAWA H,ASHIDA R,et al. Production of clean fuels by solvent skimming of coal at around 350 °C[J]. Fuel, 2004, 83(6): 733-738.

[33] ASHIDA R,NAKGAWA K,OGA M,et al. Fractionation of coal by use of high temperature solvent extraction technique and characterization of the fractions[J]. Fuel,2008,87(4):576-582.

[34] ASHIDA R,MORIMOTO M,MAKINO Y,et al. Fractionation of brown coal by sequential high temperature solvent extraction[J]. Fuel,2009,88 (8):1485-1490.

[35] 赵宗彬,陈受斯,张振桴. 煤的超临界萃取研究[J]. 煤炭转化,1996,19(1): 89-96.

[36] SHUI H F,ZHOU Y,LI H P,et al. Thermal dissolution of Shenfu coal in different solvents[J]. Fuel,2013,108:385-390.

[37] PAN C X, WEI X Y, SHUI H F, et al. Investigation on the macromolecular network structure of Xianfeng lignite by a new two-step depolymerization[J]. Fuel,2013,109:49-53.

[38] KERSHAW J R. Extraction of Victorian brown coals with supercritical water[J]. Fuel Processing Technology,1986,13(2):111-124.

[39] LI X,PRIYANTO D E,ASHIDA R,et al. Two-stage conversion of low-rank coal or biomass into liquid fuel under mild conditions[J]. Energy & Fuels, 2015,29(5):3127-3133.

[40] DUDEK M,TOMCZYK P,SOCHA R P,et al. Use of ash-free "Hyper-

coal" as a fuel for a direct carbon fuel cell with solid oxide electrolyte[J].
International Journal of Hydrogen Energy,2014,39(23):12386-12394.

[41] LEE I,JIN S,CHUN D,et al. Ash-free coal as fuel for direct carbon fuel
cell[J]. Science China Chemistry,2014,57(7):1010-1018.

[42] WANG J, SAKANISHI A K, SAITO I, et al. High-yield hydrogen
production by steam gasification of hypercoal (ash-free coal extract) with
potassium carbonate: Comparison with raw coal[J]. Energy & Fuels,
2005,19(5):2114-2120.

[43] ZHAO X Y, HUANG S S, CAO J P, et al. HyperCoal-derived porous
carbons with alkaline hydroxides and carbonate activation for electric
double-layer capacitors [J]. Fuel Processing Technology, 2014, 125:
251-257.

[44] LU H Y, WEI X Y, YU R, et al. Sequential thermal dissolution of
Huolinguole lignite in methanol and ethanol[J]. Energy & Fuels,2011,25
(6):2741-2745.

[45] MONDRAGON F, ITOH H, OUCHI K. Solubility increase of coal by
alkylation with various alcohols[J]. Fuel,1982,61(11):1131-1134.

[46] ZHOU J, ZONG Z M, FAN X, et al. Separation and identification of
organic compounds from thermally dissolved Shengli lignite in a
methanol/benzene mixed solvent[J]. International Journal of Oil,Gas and
Coal Technology,2013,6(5):517.

[47] SHISHIDO M,MASHIKO T, ARAI K. Co-solvent effect of tetralin or
ethanol on supercritical toluene extraction of coal[J]. Fuel,1991,70(4):
545-549.

[48] YANG Z S,ZONG Z M,CHEN B,et al. Thermal dissolution of Shengli
lignite in ethyl acetate[J]. International Journal of Oil, Gas and Coal
Technology,2014,7(3):308-321.

[49] 朱学栋,朱子彬,韩崇家,等. 煤中含氧官能团的红外光谱定量分析[J]. 燃
料化学学报,1999,27(4):335-339.

[50] WANG S Q, TANG Y G, SCHOBERT H H, et al. FTIR and
simultaneous TG/MS/FTIR study of Late Permian coals from Southern
China[J]. Journal of Analytical and Applied Pyrolysis,2013,100:75-80.

[51] LI J P,FENG J,LI W Y,et al. Effect of hydrogen bond on coal extraction
by in situ vacuum FTIR[J]. Energy Sources Part A-recovery Utilization

and Environmental Effects,2009,31(18):1660-1665.

[52] 曾凡桂,张通,王三跃,等. 煤超分子结构的概念及其研究途径与方法[J]. 煤炭学报,2005,30(1):85-89.

[53] KELEMEN S R, AFEWORKI A M, GORBATY M L, et al. Characterization of organically bound oxygen forms in lignites,peats,and pyrolyzed peats by X-ray photoelectron spectroscopy (XPS) and solid-state ^{13}C NMR methods[J]. Energy & Fuels,2002,16(6):1450-1462.

[54] DOMAZETIS G, RAOARUN M, JAMES B D, et al. Analytical and characterization studies of organic and inorganic species in brown coal[J]. Energy & Fuels,2006,20(4):1556-1564.

[55] 张代钧,陈昌国. 南桐煤镜质组非晶结构的 X 射线衍射研究[J]. 燃料化学学报,1997,25(1):72-77.

[56] MURATA S, HOSOKAWA M, KIDENA K, et al. Analysis of oxygen-functional groups in brown coals[J]. Fuel Processing Technology,2000, 67(3):231-243.

[57] SCHMIERS H, KOPSEL R. Macromolecular structure of brown coal in relationship to the degradability by microorganisms[J]. Fuel Processing Technology,1997,52:109-114.

[58] LI X, HAYASHI J, LI C. FT-Raman spectroscopic study of the evolution of char structure during the pyrolysis of a Victorian brown coal[J]. Fuel, 2006,85(12/13):1700-1707.

[59] OIKONOMOPOULOS I K, PERRAKI M, TOUGIANNIDIS N, et al. A comparative study on structural differences of xylite and matrix lignite lithotypes by means of FT-IR,XRD,SEM and TGA analyses:an example from the Neogene Greek lignite deposits[J]. International Journal of Coal Geology,2013,115:1-12.

[60] MATHEWS J P, FERNANDEZ-ALSO V, DANIEL J A, et al. Determining the molecular weight distribution of Phoneocahontas No. 3 low-volatile bituminous coal utilizing HRTEM and laser desorption ionization mass spectra data[J]. Fuel,2010,89(7):1461-1469.

[61] WOLF K H A A, VAN BERGEN F, EPHRAIM R, et al. Determination of the cleat angle distribution of the RECOPOL coal seams, using CT-scans and image analysis on drilling cuttings and coal blocks [J]. International Journal of Coal Geology,2008,73(3/4):259-272.

[62] LIU J X,JIANG X M,HUANG X Y,et al. Morphological characterization of super fine pulverized coal particle. Part 2. AFM investigation of single coal particle[J]. Fuel,2010,89(12):3884-3891.

[63] SHI D L,WEI X Y,FAN X,et al. Characterizations of the extracts from geting bituminous coal by spectrometries[J]. Energy & Fuels,2013,27(7):3709-3717.

[64] CASTRO-MARCANO F, LOBODIN V V, RODGERS R P, et al. A molecular model for Illinois No. 6 Argonne Premium coal:Moving toward capturing the continuum structure[J]. Fuel,2012,95:35-49.

[65] CHENG H F,LIU Q F,HUANG M,et al. Application of TG-FTIR to study SO_2 evolved during the thermal decomposition of coal-derived pyrite [J]. Thermochimica Acta,2013,555:1-6.

[66] 赵云鹏.西部弱还原性煤热解特性研究[D].大连:大连理工大学,2010.

[67] YAN L J,BAI Y H,ZHAO R F,et al. Correlation between coal structure and release of the two organic compounds during pyrolysis[J]. Fuel, 2015,145:12-17.

[68] DONG J, LI F, XIE K C. Study on the source of polycyclic aromatic hydrocarbons (PAHs) during coal pyrolysis by PY-GC-MS[J]. Journal of Hazardous Materials,2012,243:80-85.

[69] LIU F J,WEI X Y,ZHU Y,et al. Investigation on structural features of Shengli lignite through oxidation under mild conditions[J]. Fuel, 2013, 109:316-324.

[70] ROJAS-RUIZ F A, GÓMEZ-ESCUDERO A, PACHÓN-CONTRERAS Z, et al. Detailed characterization of petroleum sulfonates by Fourier transform ion cyclotron resonance mass spectrometry [J]. Energy & Fuels,2016,30(4):2714-2720.

[71] MIETTINEN I, KUITTINEN S, PAASIKALLIO V, et al. Characterization of fast pyrolysis oil from short-rotation willow by high-resolution Fourier transform ion cyclotron resonance mass spectrometry [J]. Fuel,2017,207:189-197.

[72] DHUNGANA B, BECKER C, ZEKAVAT B, et al. Characterization of slow-pyrolysis bio-oils by high-resolution mass spectrometry and ion mobility spectrometry[J]. Energy & Fuels,2015,29(2):744-753.

[73] HEADLEY J V, KUMAR P, DALAI A K, et al. Fourier transform ion

cyclotron resonance mass spectrometry characterization of treated athabasca oil sands processed waters[J]. Energy & Fuels,2015,29(5): 2768-2773.

[74] WANG Y G,WEI X Y,XIE R L,et al. Structural characterization of typical organic species in Jincheng No. 15 anthracite[J]. Energy & Fuels, 2015,29(2):595-601.

[75] LI Z K,WEI X Y,YAN H L,et al. Insight into the structural features of Zhaotong lignite using multiple techniques[J]. Fuel,2015,153:176-182.

[76] XU X C,CHEN C H,QI H Y, et al. Development of coal combustion pollution control for SO_2 and NO_x in China [J]. Fuel Processing Technology,2000,62(2):153-160.

[77] YOU C F,WANG H M,ZHANG K. Moisture adsorption properties of dried lignite[J]. Energy & Fuels,2013,27(1):177-182.

[78] TAHMASEBI A,YU J L,HAN Y N,et al. Study of chemical structure changes of Chinese lignite upon drying in superheated steam,microwave, and hot air[J]. Energy & Fuels,2012,26(6):3651-3660.

[79] INOUE T,OKUMA O,MASUDA K,et al. Hydrothermal treatment of brown coal to improve the space time yield of a direct liquefaction reactor [J]. Energy & Fuels,2012,26(4):2198-2203.

[80] ADESANWO T, RAHMAN M,GUPTA R,et al. Characterization and refining pathways of straight-run heavy naphtha and distillate from the solvent extraction of lignite[J]. Energy & Fuels,2014,28(7):4486-4495.

[81] MENG H,GE C T,REN N N,et al. Complex extraction of phenol and cresol from model coal tar with polyols,ethanol amines,and ionic liquids thereof[J]. Industrial & Engineering Chemistry Research,2014,53(1): 355-362.

[82] ZUBRIK A,ŠAMAN D,VAŠÍČKOVÁ S,et al. Phyllocladane in brown coal from Handlová, Slovakia: Isolation and structural characterization [J]. Organic Geochemistry,2009,40(1):126-134.

[83] SUN L B,ZONG Z M,KOU J H,et al. Identification of organic chlorines and iodines in the extracts from hydrotreated Argonne premium coal residues[J]. Energy & Fuels,2007,21(4):2238-2239.

[84] GIVEN P H,MARZEC A,BARTON W A,et al. The concept of a mobile or molecular phase within the macromolecular network of coals:A debate

[J]. Fuel,1986,65(2):155-163.

[85] HAGHIGHAT F, DE KLERK A. Direct coal liquefaction: Low temperature dissolution process[J]. Energy & Fuels, 2014, 28 (2): 1012-1019.

[86] CHEN B,WEI X Y,ZONG Z M,et al. Difference in chemical composition of supercritical methanolysis products between two lignites[J]. Applied Energy,2011,88(12):4570-4576.

[87] ZOU X W, QIN T F, HUANG L H, et al. Mechanisms and main regularities of biomass liquefaction with alcoholic solvents[J]. Energy & Fuels,2009,23(10):5213-5218.

[88] ZHAO X Y, ZONG Z M, CAO J P, et al. Difference in chemical composition of carbon disulfide-extractable fraction between vitrinite and inertinite from Shenfu-Dongsheng and Pingshuo coals[J]. Fuel,2008,87 (4):565-575.

[89] VAN AARSSEN B G K, ALEXANDER R, KAGI R I. Higher plant biomarkers reflect palaeovegetation changes during Jurassic times[J]. Geochimica et Cosmochimica Acta,2000,64(8):1417-1424.

[90] XIA K,SU T,LIU Y S,et al. Quantitative climate reconstructions of the late Miocene Xiaolongtan megaflora from Yunnan, southwest China[J]. Palaeogeography,Palaeoclimatology,Palaeoecology,2009,276(1):80-86.

[91] KONG J,ZHAO R F,BAI Y H,et al. Study on the formation of phenols during coal flash pyrolysis using pyrolysis-GC/MS[J]. Fuel Processing Technology,2014,127:41-46.

[92] HODEK W, KIRSCHSTEIN J, VAN HEEK K. Reactions of oxygen containing structures in coal pyrolysis[J]. Fuel,1991,70(3):424-428.

[93] SISKIN M, ACZEL T. Pyrolysis studies on the structure of ethers and phenols in coal[J]. Fuel,1983,62(11):1321-1326.

[94] TEERMAN S C, HWANG R J. Evaluation of the liquid hydrocarbon potential of coal by artificial maturation techniques [J]. Organic Geochemistry,1991,17(6):749-764.

[95] TUO J C,LI Q. Occurrence and distribution of long-chain acyclic ketones in immature coals[J]. Applied Geochemistry,2005,20(3):553-568.

[96] STEFANOVA M,OROS D R,OTTO A,et al. Polar aromatic biomarkers in the Miocene Maritza-East lignite,Bulgaria[J]. Organic Geochemistry,

2002,33(9):1079-1091.

[97] LI D,ZHANG C,XIA J,et al. Evolution of organic sulfur in the thermal upgrading process of shengli lignite[J]. Energy & Fuels,2013,27(6): 3446-3453.

[98] WEI X Y, WANG X H, ZONG Z M. Extraction of organonitrogen compounds from five Chinese coals with methanol[J]. Energy & Fuels, 2009,23(10):4848-4851.

[99] WAKEHAM S G,SINNINGHE DAMSTE J S,KOHNEN M E L,et al. Organic sulfur compounds formed during early diagenesis in Black Sea sediments[J]. Geochimica et Cosmochimica Acta,1995,59(3):521-533.

[100] SONG Z G, WANG M C, BATTS B D, et al. Hydrous pyrolysis transformation of organic sulfur compounds: Part 1. Reactivity and chemical changes[J]. Organic Geochemistry,2005,36(11):1523-1532.

[101] VOROBYOV I, YAPPERT M C, DUPRÉ D B. Hydrogen bonding in monomers and dimers of 2-aminoethanol[J]. The Journal of Physical Chemistry A,2002,106(4):668-679.

[102] AHMED A,CHO Y J,NO M,et al. Application of the Mason-Schamp equation and ion mobility mass spectrometry to identify structurally related compounds in crude oil[J]. Analytical Chemistry,2011,83(1): 77-83.

[103] WANG S Z,FAN X,ZHENG A L,et al. Evaluation of atmospheric solids analysis probe mass spectrometry for the analysis of coal-related model compounds[J]. Fuel,2014,117:556-563.

[104] WANG S Z,FAN X,ZHENG A L,et al. Evaluation of the oxidation of rice husks with sodium hypochlorite using gas chromatography-mass spectrometry and direct analysis in real time-mass spectrometry[J]. Analytical Letters,2014,47(1):77-90.

[105] TAKANOHASHI T, IINO M. Insolubilization of coal soluble constituents in some bituminous coals by refluxing with pyridine[J]. Energy & Fuels,1991,5(5):708-711.

[106] TAKANOHASHI T, XIAO F J, YOSHIDA T, et al. Difference in extraction yields between CS_2/NMP and NMP for upper Freeport coal [J]. Energy & Fuels,2003,17(1):255-256.

[107] SUN Y,WANG X J,FENG T T,et al. Evaluation of coal extraction with

supercritical carbon dioxide/1-methyl-2-pyrrolidone mixed solvent[J]. Energy & Fuels,2014,28(2):816-824.

[108] LIU H T,ISHIZUKA T,TAKANOHASHI T,et al. Effect of TCNE addition on the extraction of coals and solubility of coal extracts[J]. Energy & Fuels,1993,7(6):1108-1111.

[109] LI C Q, TAKANOHASHI T, SAITO I. Coal dissolution by heat treatment at temperature up to 300 ℃ in N-methyl-2-pyrrolidinone with addition of lithium halide. 1. Effects of heat treatment conditions on the dissolution yield[J]. Energy & Fuels,2003,17(3):762-767.

[110] TAKAHASHI K,NORINAGA K,MASUI A Y,et al. Effect of addition of various salts on coal extraction with carbon disulfide/N-methyl-2-pyrrolidinone mixed solvent[J]. Energy & Fuels,2001,15(1):141-146.

[111] DYRKACZ G R,BLOOMQUIST C. Changes in coal extractability with timed addition of tetracyanoethylene in carbon disulfide/N-methylpyrrolidone extractions [J]. Energy & Fuels, 2000, 14 (2): 513-514.

[112] WANG Z C,SHUI H F,PAN C X,et al. Structural characterization of the thermal extracts of lignite[J]. Fuel Processing Technology,2014, 120:8-15.

[113] 郭树才,王林,胡浩权.大雁褐煤超临界萃取液化研究[J].石油学报(石油加工),1990,6(2):57-64.

[114] LIU C M, ZONG Z M, JIA J X, et al. An evidence for the strong association of N-methyl-2-pyrrolidinone with some organic species in three Chinese bituminous coals[J]. Chinese Science Bulletin,2008,53 (8):1157-1164.

[115] PERGAL M M, TESIC Ž, POPOVIC A. Polycyclic aromatic hydrocarbons:Temperature driven formation and behavior during coal combustion in a coal-fired power plant[J]. Energy & Fuels,2013,27 (10):6273-6278.

[116] RIBEIRO J,DA SILVA T F,FILHO J G M,et al. Polycyclic aromatic hydrocarbons (PAHs) in burning and non-burning coal waste piles[J]. Journal of Hazardous Materials,2012,199:105-110.

[117] KELKAR C P,SCHUTZ A A. Efficient hydrotalcite-based catalyst for acetone condensation to α-isophorone:Scale up aspects and process

development[J]. Applied Clay Science,1998,13(5/6):417-432.

[118] STEINER T. Lengthening of the covalent X—H bond in heteronuclear hydrogen bonds quantified from organic and organometallic neutron crystal structures[J]. The Journal of Physical Chemistry A,1998,102 (35):7041-7052.

[119] IINO M,TAKANOHASHI T,OBARA S,et al. Characterization of the extracts and residues from CS_2-N-methyl-2-pyrrolidinone mixed solvent extraction[J]. Fuel,1989,68(12):1588-1593.

[120] WEI X Y,SHEN J L,TAKANOHASHI T,et al. Effect of extractable substances on coal dissolution. Use of a carbon disulfide-N-methyl-2-pyrrolidinone mixed solvent as an extraction solvent for dissolution reaction products[J]. Energy & Fuels,1989,3(5):575-579.

[121] ISHIZUKA T,TAKANOHASHI T,ITO O,et al. Effects of additives and oxygen on extraction yield with CS_2-NMP mixed solvent for Argonne premium coal samples[J]. Fuel,1993,72(4):579-580.

[122] CHEN C,KUROSE H,IINO M. Pathway of TCNE interaction with coal to enhance its solubility in the NMP-CS_2 mixed solvent[J]. Energy & Fuels,1999,13(6):1180-1183.

[123] NAG D,BISWAS P,CHANDALIYA V K,et al. Characterization of solvent extract of an Indian coal [J]. International Journal of Coal Preparation and Utilization,2011,31(1):1-8.

[124] AMESTICA L A,WOLF E E. Supercritical toluene and ethanol extraction of an Illinois No. 6 coal[J]. Fuel,1984,63(2):227-230.

[125] CAHILL P,HARRISON G,LAWSON G J. Extraction of intermediate and low-rank coals with supercritical toluene[J]. Fuel,1989,68(9): 1152-1157.

[126] YUAN Q C,ZHANG Q M,HU H Q,et al. Investigation of extracts of coal by supercritical extraction[J]. Fuel,1998,77(11):1237-1241.

[127] LEI Z P,CHENG L L,ZHANG S F,et al. Dissolution of lignite in ionic liquid 1-ethyl-3-methylimidazolium acetate [J]. Fuel Processing Technology,2015,135:47-51.

[128] DING M,ZHAO Y P,DOU Y Q,et al. Sequential extraction and thermal dissolution of Shengli lignite[J]. Fuel Processing Technology,2015,135: 20-24.

[129] MASTRAL A M, CALLEN M S. A review on polycyclic aromatic hydrocarbon (PAH) emissions from energy generation [J]. Environmental Science & Technology,2000,34(15):3051-3057.

[130] HAENEL M W. Recent progress in coal structure research[J]. Fuel, 1992,71(11):1211-1223.

[131] ACHTEN C, HOFMANN T. Native polycyclic aromatic hydrocarbons (PAH) in coals-a hardly recognized source of environmental contamination[J]. Science of the Total Environment,2009,407(8):2461-2473.

[132] KAWASHIMA H, KOYANO K, TAKANOHASHI T. Changes in nitrogen functionality due to solvent extraction of coal during HyperCoal production[J]. Fuel Processing Technology,2013,106:275-280.

[133] NOWICKI P, PIETRZAK R, WACHOWSKA H. X-ray photoelectron spectroscopy study of nitrogen-enriched active carbons obtained by ammoxidation and chemical activation of brown and bituminous coals [J]. Energy & Fuels,2010,24(2):1197-1206.

[134] GENG W H, KUMABE Y, NAKAJIMA T, et al. Analysis of hydrothermally-treated and weathered coals by X-ray photoelectron spectroscopy (XPS)[J]. Fuel,2009,88(4):644-649.

[135] TAKAGI H, ISODA T, KUSAKABE K, et al. Relationship between pyrolysis reactivity and aromatic structure of coal[J]. Energy & Fuels, 2000,14(3):646-653.

[136] JOSEPH J T. Beneficial effects of preswelling on conversion and catalytic activity during coal liquefaction[J]. Fuel,1991,70(3):459-464.

[137] WANG Z Q, BAI Z Q, LI W, et al. Quantitative study on cross-linking reactions of oxygen groups during liquefaction of lignite by a new model system[J]. Fuel Processing Technology,2010,91(4):410-413.

[138] MIKNIS F P, NETZEL D A, TURNER T F, et al. Effect of different drying methods on coal structure and reactivity toward liquefaction[J]. Energy & Fuels,1996,10(3):631-640.

[139] 初茉,李华民.褐煤的加工与利用技术[J].煤炭工程,2005,37(2):47-49.

[140] 尹立群.我国褐煤资源及其利用前景[J].煤炭科学技术,2004,32(8):12-14.

[141] SONG Y H, MA Q N, HE W J. Co-pyrolysis properties and product

composition of low-rank coal and heavy oil[J]. Energy & Fuels,2017,31 (1):217-223.

[142] ZHAO Y P, HU H Q, JIN L J, et al. Pyrolysis behavior of weakly reductive coals from northwest China[J]. Energy & Fuels,2009,23(2): 870-875.

[143] YE C P,YANG Z J,LI W Y,et al. Effect of adjusting coal properties on Hulunbuir lignite pyrolysis[J]. Fuel Processing Technology,2017,156: 415-420.

[144] YANG F,HOU Y C,WU W Z,et al. A new insight into the structure of Huolinhe lignite based on the yields of benzene carboxylic acids[J]. Fuel,2017,189(189):408-418.

[145] GEZICI O, DEMIR I, DEMIRCAN A, et al. Subtractive-FTIR spectroscopy to characterize organic matter in lignite samples from different depths [J]. Spectrochimica Acta Part A: Molecular and Biomolecular Spectroscopy,2012,96:63-69.

[146] LIU P,WANG L L,ZHOU Y,et al. Effect of hydrothermal treatment on the structure and pyrolysis product distribution of Xiaolongtan lignite [J]. Fuel,2016,164:110-118.

[147] LIU P,ZHANG D X,WANG L L,et al. The structure and pyrolysis product distribution of lignite from different sedimentary environment [J]. Applied Energy,2016,163:254-262.

[148] BASARAN Y, DENIZLI A, SAKINTUNA B, et al. Bio-liquefaction/ solubilization of low-rank Turkish lignites and characterization of the products[J]. Energy & Fuels,2003,17(4):1068-1074.

[149] ZHAO Y P, TIAN Y J, DING M, et al. Difference in molecular composition of soluble organic species from two Chinese lignites with different geologic ages[J]. Fuel,2015,148:120-126.

[150] MAE K,SHINDO H,MIURA K. A new two-step oxidative degradation method for producing valuable chemicals from low rank coals under mild conditions[J]. Energy & Fuels,2001,15(3):611-617.

[151] LI G,ZHANG S Y,JIN L J,et al. In-situ analysis of volatile products from lignite pyrolysis with pyrolysis-vacuum ultraviolet photoionization and electron impact mass spectrometry[J]. Fuel Processing Technology, 2015,133:232-236.

[152] SHI L, LIU Q Y, ZHOU B, et al. Interpretation of methane and hydrogen evolution in coal pyrolysis from the bond cleavage perspective [J]. Energy & Fuels,2017,31(1):429-437.

[153] MURAKAMI K, SHIRATO H, NISHIYAMA Y. In situ infrared spectroscopic study of the effects of exchanged cations on thermal decomposition of a brown coal[J]. Fuel,1997,76(7):655-661.

[154] ARENILLAS A,RUBIERA F,PIS J J. Simultaneous thermogravimetric-mass spectrometric study on the pyrolysis behaviour of different rank coals[J]. Journal of Analytical and Applied Pyrolysis, 1999, 50 (1): 31-46.

[155] VAN HEEK K H, HODEK W. Structure and pyrolysis behaviour of different coals and relevant model substances[J]. Fuel, 1994, 73 (6): 886-896.

[156] FAN J J, ZHANG Z X, JIN J, et al. Investigation on the release characteristics of light hydrocarbon during pulverized coal pyrolysis[J]. Energy & Fuels,2007,21(5):2805-2808.

[157] ZOU L,JIN L J, WANG X L,et al. Pyrolysis of Huolinhe lignite extract by in situ pyrolysis-time of flight mass spectrometry[J]. Fuel Processing Technology,2015,135:52-59.

[158] XU Y, ZHANG Y F, WANG Y, et al. Gas evolution characteristics of lignite during low-temperature pyrolysis[J]. Journal of Analytical and Applied Pyrolysis,2013,104:625-631.

[159] WANZL W. Chemical reactions in thermal decomposition of coal[J]. Fuel Processing Technology,1988,20:317-336.

[160] CANEL M, MISIRLIOGLU Z, CANEL E, et al. Distribution and comparing of volatile products during slow pyrolysis and hydropyrolysis of Turkish lignites[J]. Fuel,2016,186:504-517.

[161] GAO M Q,WANG Y L,DONG J,et al. Release behavior and formation mechanism of polycyclic aromatic hydrocarbons during coal pyrolysis [J]. Chemosphere,2016,158:1-8.

[162] KIBET J K, KHACHATRYAN L, DELLINGER B. Phenols from pyrolysis and co-pyrolysis of tobacco biomass components [J]. Chemosphere,2015,138:259-265.

[163] PENG C N,ZHANG G Y,YUE J R,et al. Pyrolysis of black liquor for

phenols and impact of its inherent alkali[J]. Fuel Processing Technology,2014,127:149-156.

[164] BATES A L,SPIKER E C,HATCHER P G,et al. Sulfur geochemistry of organic-rich sediments from Mud Lake, Florida, USA[J]. Chemical Geology,1995,121(1/2/3/4):245-262.

[165] 李瑞.中国煤中硫的分布[J].洁净煤技术,1998,4(1):44-47.

[166] 罗陨飞,李文华,姜英,等.中国煤中硫的分布特征研究[J].煤炭转化,2005,28(3):14-18.

[167] NGUYEN M,BERNDT C,REICHEL D,et al. Pyrolysis behaviour study of a tar- and sulphur-rich brown coal and GC-FID/MS analysis of its tar[J]. Journal of Analytical and Applied Pyrolysis,2015,115:194-202.

[168] PIELSTICKER S,GOVERT B,KREITZBERG T,et al. Simultaneous investigation into the yields of 22 pyrolysis gases from coal and biomass in a small-scale fluidized bed reactor[J]. Fuel,2017,190:420-434.

[169] COOKE N,FULLER O,GAIKWAD R. FT-i. r. spectroscopic analysis of coals and coal extracts[J]. Fuel,1986,65(9):1254-1260.

[170] CHEN H K,LI B Q,ZHANG B J. 98/00312 Comparative investigations of tar from pyrolysis and hydropyrolysis and their relationship with coal structure[J]. Fuel and Energy Abstracts,1998,39(1):26.

[171] ASSUNCAO M A,FRENA M,SANTOS A P S,et al. Aliphatic and polycyclic aromatic hydrocarbons in surface sediments collected from mangroves with different levels of urbanization in southern Brazil[J]. Marine Pollution Bulletin,2017,119(1):439-445.

[172] WEN X Q,YANG Y L,ZENG F G,et al. Influence of temperature and airflow on polycyclic aromatic hydrocarbons (PAHs) by simulated self-combustion of coal partings[J]. Journal of Environmental Chemical Engineering,2016,4(3):3601-3609.

[173] BOUDOU J,SCHIMMELMANN A,ADER M,et al. Organic nitrogen chemistry during low-grade metamorphism[J]. Geochimica et Cosmochimica Acta,2008,72(4):1199-1221.

[174] DAVIDSON R M. Studying the structural chemistry of coal[M]. London:IEA Clean Coal Centre,2004,25-67.

[175] 周永刚,李培,杨建国,等.褐煤中不同水分析出的能耗研究[J].中国电机工程学报,2011,31(S1):114-118.

[176] 苏怀兴,韩艳娜,尤菠,等. 褐煤低温干燥特性的实验研究[J]. 洁净煤技术,2013,19(6):30-34.

[177] 朱书全. 褐煤提质技术开发现状及分析[J]. 洁净煤技术,2011,17(1):1-4.

[178] 杨晓毓. 宝日希勒褐煤微观结构随蒸发脱水程度的变化规律研究[D]. 北京:煤炭科学研究总院,2014.

[179] 吕向前,刘炯天. 浮选精煤中水的存在形式与脱除[J]. 煤炭技术,2005,24(1):47-49.

[180] ALLARDICE D J,EVANS D G. The brown-coal/water system:Part 1,The effect of temperature on the evolution of water from brown coal[J]. Fuel,1971,50(2):201-210.

[181] NORINAGA K, KUMAGAI H, HAYASHI J, et al. Classification of water sorbed in coal on the basis of congelation characteristics[J]. Energy & Fuels,1998,12(3):574-579.

[182] NORINAGA K, HAYASHI J, KUDO N, et al. Evaluation of effect of predrying on the porous structure of water-swollen coal based on the freezing property of pore condensed water[J]. Energy & Fuels,1999,13(5):1058-1066.

[183] HUANG Q X, ZHOU G S, YU B, et al. Quantitative model for predicting the desorption energy of water contained in lignite[J]. Fuel,2015,157:202-207.

[184] 肖武,余江龙,韩艳娜. 褐煤含氧官能团对褐煤中水分特性的影响[J]. 煤炭转化,2014,37(4):1-4.

[185] SU H F,XUE L,LI Y H,et al. Probing hydrogen bond energies by mass spectrometry[J]. Journal of the American Chemical Society,2013,135(16):6122-6129.

[186] 李权,孙定光,赵可清. 1,3,5-三氮杂苯-水簇氢键结构性质[J]. 原子与分子物理学报,2008,25(5):1175-1179.

[187] 黄方千,李权. 邻二氮杂苯-水复合物氢键相互作用的理论研究[J]. 化学物理学报,2005(6):957-961.

[188] HAMMAMI F,GHALLA H,NASR S. Intermolecular hydrogen bonds in urea-water complexes:DFT, NBO, and AIM analysis[J]. Computational and Theoretical Chemistry,2015,1070:40-47.

[189] LARSEN J W, GREEN T K, KOVAC J. The nature of the

macromolecular network structure of bituminous coals[J]. Journal of Organic Chemistry,1985,50(24):4729-4735.

[190] 陈茂,许学敏,高晋生,等.煤中氢键类型的研究[J].燃料化学学报,1998,26(2):140-144.

[191] 李文,李保庆,三浦孝一.原位漫反射红外分析水分对煤中氢键形成的作用规律[J].燃料化学学报,1999,27(增刊):12-15.

[192] MIURA K,MAE K,MOROZUMI F,et al. 98/01811　A new method to estimate hydrogen bondings in coal by utilizing FTIR and DSC[J]. Fuel and Energy Abstracts,1998,39(3):167-167.

[193] OLIVELLA S,SOLE A,GARCIA-RASO A. Ab initio calculations of the potential surface for the thermal decomposition of the phenoxyl radical [J]. The Journal of Physical Chemistry,1995,99(26):10549-10556.

[194] LIU R F,MOROKUMA K,MEBEL A M,et al. Ab initio study of the mechanism for the thermal decomposition of the phenoxy radical[J]. The Journal of Physical Chemistry,1996,100(22):9314-9322.

[195] PARTHASARATHI R,SUBRAMANIAN V,SATHYAMURTHY N. Hydrogen bonding in phenol, water, and Phenol-Water clusters [J]. Journal of Physical Chemistry A,2005,109(5):843-850.

[196] WEI M L,HE C,HUA W J,et al. A large protonated water cluster H^+ $(H_2O)_{27}$ in a 3D metal-organic framework[J]. Journal of the American Chemical Society,2006,128(41):13318-13319.

[197] LUDWIG R, APPELHAGEN A. Calculation of clathrate-like water clusters including H_2O-buckminsterfullerene[J]. Angewandte Chemie International Edition,2005,44(5):811-815.

[198] GHOSH S K,BHARADWAJ P K. Structure of a discrete hexadecameric water cluster in a metal-organic framework structure [J]. Inorganic Chemistry,2004,43(22):6887-6889.

[199] GHOSH S K,BHARADWAJ P K. A dodecameric water cluster built around a cyclic quasiplanar hexameric core in an organic supramolecular complex of a cryptand [J]. Angewandte Chemie, 2004, 43 (27): 3577-3580.

[200] OXTOBY N S, BLAKE A J, CHAMPNESS N R, et al. Water superstructures within organic arrays: hydrogen-bonded water sheets, chains and clusters[J]. Chemistry:A European Journal,2005,11(16):

4643-4654.

[201] BELLAM S, JAGADESE J V. Helix inside a helix: encapsulation of hydrogen-bonded water molecules in a staircase coordination polymer [J]. Angewandte Chemie International Edition, 2004, 43 (43): 5769-5772.

[202] KANNAN R, KAVITA K K, LEONARD J, et al. Characterization of supramolecular $(H_2O)_{18}$ water morphology and water-methanol $(H_2O)_{15}$ $(CH_3OH)_3$ clusters in a novel phosphorus functionalized trimeric amino acid host[J]. Journal of the American Chemical Society, 2003, 125 (23): 6955-6961.

[203] 汤海燕,赵茂爽,冯莉,等. 褐煤模型化合物中含氧官能团脱出反应的理论研究[J]. 高等学校化学学报,2014,35(11):2370-2376.

[204] LIPKOWSKI P, GRABOWSKI S J, ROBINSON T L, et al. Properties of the C—H···H dihydrogen bond: an ab initio and topological analysis[J]. The Journal of Physical Chemistry A,2004,108(49):10865-10872.

[205] PELS J R, KAPTEIJN F, MOULIJN J A, et al. Evolution of nitrogen functionalities in carbonaceous materials during pyrolysis[J]. Carbon, 1995,33(11):1641-1653.

[206] RAMIREZ F, HADAD C Z, GUERRA D, et al. Structural studies of the water pentamer[J]. Chemical Physics Letters,2011,507(4):229-233.

[207] HINCAPIE G, ACELAS N Y, CASTANO M, et al. Structural studies of the water hexamer[J]. Journal of Physical Chemistry A,2010,114(29): 7809-7814.

[208] LI L W, WU C J, WANG Z Q, et al. Density functional theory (DFT) and natural bond orbital (NBO) study of vibrational spectra and intramolecular hydrogen bond interaction of L-ornithine-L-aspartate[J]. Spectrochimica Acta Part A: Molecular and Biomolecular Spectroscopy, 2015,136:338-346.